AF498452

ALBEIRO PATIÑO BUILES

ELECTRICIDAD PARA NOVATOS

DE CERO A MÁSTER

ALBEIRO PATIÑO BUILES

ELECTRICIDAD PARA NOVATOS

DE CERO A MÁSTER

Colección *Ingeniería*

XALAMBO
EDITORIAL

Colección *Ingeniería*
ELECTRICIDAD PARA NOVATOS. DE CERO A MÁSTER.
©Albeiro Patiño Builes, 2023
© Xalambo Editorial, 2023

ISBN: 978-628-95735-2-7
Diseño de carátula: David Esteban Londoño Patiño
Diagramación y Dirección editorial: Albeiro Patiño Builes

Editado en Medellín, Colombia
Xalambo Editorial
www.xalambo.com
Tel.: (+57) 3028273513

1a edición: Julio de 2023

«Yo no hice nada por accidente, ni tampoco fueron
así mis invenciones; ellas vinieron por el trabajo».

Thomas Alva Edison

CONTENIDO

3. CIRCUITOS ELÉCTRICOS

4. COMPONENTES ELECTRÓNICOS

5. ELECTRÓNICA DIGITAL

6. MAGNETISMO

7. SISTEMAS ELÉCTRICOS DE POTENCIA

8. CONTROL DE SISTEMAS ELÉCTRICOS

9. INSTRUMENTOS DE MEDIDA

10. SEGURIDAD ELÉCTRICA

ÍNDICE DE FIGURAS

1. FUENTES DE ENERGÍA ELÉCTRICA

2. COMPONENTES DE ELECTRICIDAD

3. CIRCUITOS ELÉCTRICOS

4. COMPONENTES ELECTRÓNICOS

5. ELECTRÓNICA DIGITAL

6. MAGNETISMO

7. SISTEMAS ELÉCTRICOS DE POTENCIA

8. CONTROL DE SISTEMAS ELÉCTRICOS

9. INSTRUMENTOS DE MEDIDA

1. FUENTES DE ENERGÍA ELÉCTRICA

Introducción

Imaginemos por un momento un mundo sin electricidad. Seguramente sería muy diferente al que conocemos hoy, ya que este recurso es fundamental en muchos aspectos de nuestra vida cotidiana.

Para empezar, sin electricidad no habría luz artificial, lo que significaría que tendríamos que vivir según los ritmos naturales del día y de la noche. Por otro lado, serían muy diferentes la industria y la producción, pues la mayoría de los procesos productivos necesitan del fenómeno eléctrico. En otras palabras, la producción de alimentos, ropa, equipos electrónicos y muchos otros bienes de consumo sería mucho más lenta y costosa, o, tal vez, no existiría. También habría un gran impacto en la productividad, ya que muchas actividades solo se pueden realizar a la luz del día. Además, sin electricidad, no podríamos utilizar los dispositivos que damos hoy por sentado en nuestra vida cotidiana, como los teléfonos móviles y los computadores, los televisores y los electrodomésticos de la casa. Y esto cambiaría considerablemente la forma en que nos comunicamos, trabajamos y nos entretenemos. Finalmente, sin electricidad no podríamos utilizar muchos de los avances médicos y tecnológicos que hemos logrado en las últimas décadas. Lo que afectaría la atención médica y la calidad de vida de las personas.

Pero, ¿qué es, y de dónde viene la electricidad? Pues bien: la electricidad es, simplemente, una forma de energía que se produce mediante el movimiento de cargas eléctricas, como los electrones, a través de un conductor. Para hacer mover esas cargas eléctricas se requieren una gran cantidad de componentes, ligados a una fuente primaria.

Las fuentes de energía eléctrica se refieren a los recursos naturales, tecnologías y sistemas en general que permiten la generación y el suministro de electricidad a través de distintos procesos, como la conversión de la energía en todas sus formas (potencial, cinética, mecánica, química, etc.), en electricidad. Estas fuentes de energía pueden ser renovables o no renovables, y se utilizan para producir la electricidad que alimenta todo tipo de dispositivos, desde pequeños electrodomésticos hasta grandes infraestructuras industriales.

Fuentes de energía renovable

Una fuente de energía renovable es aquella que proviene de recursos naturales que pueden regenerarse o reponerse en un período de tiempo relativamente corto, como la hidroeléctrica, la solar, la eólica, la térmica y la geotérmica. Estos recursos no se agotan con el uso continuo y no generan emisiones significativas de gases de efecto invernadero u otros contaminantes atmosféricos. Además, su costo de producción puede ser más bajo que el de las fuentes de energía no renovable.

Energía hidroeléctrica

Esta fuente de energía implica el uso del agua en movimiento para generar electricidad. El agua se acumula en un embalse y se libera en una corriente que golpea las aspas de una turbina, las cuales transmiten su energía a un generador eléctrico. En la Figura 1-1 se esquematiza este proceso.

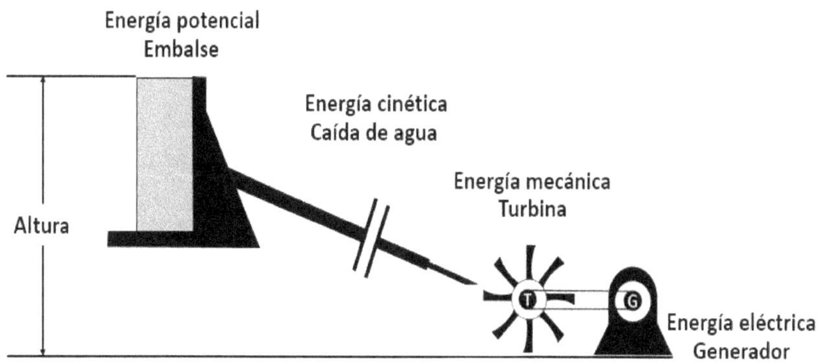

Figura 1-1. Representación de una central hidroeléctrica.

La energía hidroeléctrica es una forma limpia de generar electricidad, pero implica un impacto negativo en el ambiente, ya que se alteran los ecosistemas fluviales, lo que conlleva a su vez la reducción de la biodiversidad. También, muchas veces, es necesario reubicar a las comunidades, apartándolas de sus lugares de origen. Además, se trata de una fuente de energía que depende de la precipitación pluvial.

Como ya mencionamos, para generar energía hidroeléctrica se requieren multitud de componentes y sistemas (cada uno de ellos diseñado con determinadas características y construidos para cumplir una función específica), pero los principales son los siguientes:

Turbina

Una turbina eléctrica es un aparato que convierte la energía cinética de un fluido en energía mecánica. También pueden funcionar gracias a la energía cinética del vapor o el aire. En la Figura 1-2 se puede ver la representación gráfica de este componente:

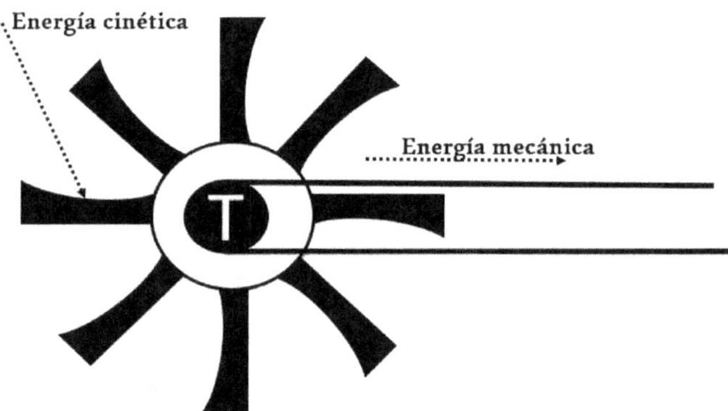

Figura 1-2. Representación de una turbina.

Podríamos mencionar dos tipos fundamentales de turbinas: las hidráulicas, que utilizan la energía cinética del agua para producir energía mecánica; esto se logra cuando el agua se dirige a través de las aspas del equipo, haciéndolo girar; por otro lado, están las turbinas de vapor, que utilizan este fluído, que a su vez es generado por la combustión de combustibles fósiles, o a través de energía térmica, geotérmica o nuclear, para hacer girar las aspas de la turbina. El movimiento de las aspas produce a su vez energía mecánica, que se utiliza en la siguiente fase del proceso de generación.

Y es que la energía mecánica que se produce en las turbinas se transfiere a un generador que la convierte en energía eléctrica. En la Figura 1-3 se puede apreciar el acoplamiento entre los ejes de una turbina y de un generador eléctricos.

Generador

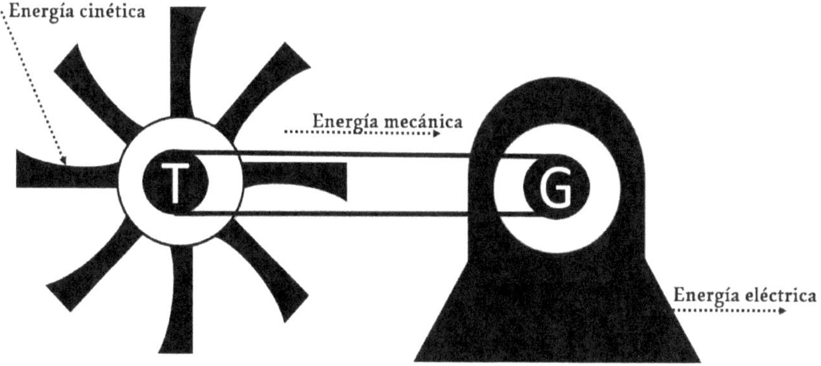

Figura 1-3. Acoplamiento de una turbina y un generador.

Un generador eléctrico es un dispositivo que convierte energía mecánica en energía eléctrica. Se basa en el principio de la inducción electromagnética, también conocido como ley de Faraday (que veremos también en este libro), para generar electricidad.

El generador consta de tres partes principales: el rotor, el estator y un sistema de control, como puede observarse en la Figura 1-4. El rotor, que es el componente giratorio, consta de un eje y un conjunto de imanes o bobinas. El estator es el componente estacionario, y también consta de un conjunto de devanados. Cuando el rotor gira dentro del estator, gracias a la energía mecánica que le transfiere la turbina, sus imanes o bobinas producen un campo magnético que induce una corriente eléctrica en los devanados del estator.

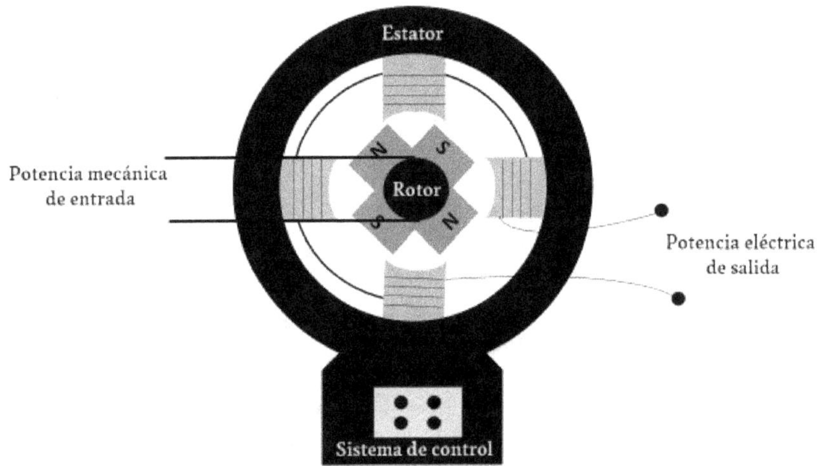

Figura 1-4. Representación de un generador eléctrico.

El sistema de control es responsable de regular la velocidad y la potencia de salida del generador. Si la velocidad del rotor es demasiado alta o demasiado baja, la salida eléctrica del generador puede ser inestable, y es por esto que el sistema de control, que ajusta la velocidad del rotor y la potencia de salida, según las necesidades especificas del sistema, es indispensable.

Existen diferentes tipos de generadores eléctricos, pero los más comunes son los de corriente alterna (CA) y los de corriente directa (CD). Los generadores de corriente alterna son los más comunes y se utilizan en la mayoría de centrales eléctricas. Los de corriente directa se utilizan en aplicaciones especiales, como motores y en algunos sistemas de alimentación de emergencia.

Energía solar

La solar es una forma de energía renovable que se obtiene a partir de la radiación del sol. Puede ser utilizada directamente, como en el caso de la calefacción, o puede convertirse en energía eléctrica mediante paneles solares.

Los paneles están compuestos por células fotovoltaicas, construidas de materiales semiconductores, como el silicio, y conectadas en serie para producir el voltaje y la corriente necesarios para alimentar los dispositivos eléctricos. En la Figura 1-5 se ve un panel solar y sus células fotovoltaicas dispuestos para captar la energía del sol.

Figura 1-5. Paneles solares.

La energía solar tiene varias ventajas sobre otras fuentes de energía. En primer lugar, es limpia, es decir que no emite gases de efecto invernadero ni contamina el ambiente, y es renovable, lo que la convierte en una alternativa a los combustibles fósiles. En segundo lugar, es abundante y está disponible en todo el mundo, especialmente en regiones con altos niveles de radiación solar. En tercer lugar, los paneles solares son cada vez más económicos y eficientes, lo que los hace accesibles para hogares y empresas.

A pesar de sus ventajas, sin embargo, también presenta desafíos. Uno de los principales es la variabilidad de la radiación solar, que puede limitar la producción de energía en días nublados o por la noche. Además, la instalación y mantenimiento de estos sistemas pueden requerir una inversión inicial y recurrente significativas, aunque, ciertamente, los costos de esta tecnología siguen disminuyendo cada vez más.

Energía eólica

Es una energía que se produce mediante la utilización de aerogeneradores, que son dispositivos que transforman la energía cinética del viento en energía eléctrica.

Un aerogenerador se compone de una torre y una o varias aspas que giran al enfrentar la fuerza del viento. En la Figura 1-6 se puede apreciar la imagen de un aerogenerador. La rotación de las aspas impulsa el generador, que convierte la energía mecánica en energía eléctrica.

La energía eólica tiene varias ventajas. En primer lugar, es limpia, pues, como la solar, no emite gases de efecto invernadero ni otros contaminantes, y además es renovable. En segundo lugar, es una fuente de energía inagotable, disponible en todo el mundo. En tercer lugar, el costo de su implantación también ha disminuido bastante en los últimos años, lo que la ha hecho más competitiva que otras formas de energía convencionales.

Pero, como la energía solar, la eólica también presenta retos. El principal es la variabilidad del viento, que puede afectar su producción. Por otro lado, los aerogeneradores pueden tener un impacto visual en el paisaje y pueden generar ruido. Sin embargo, son problemas que se pueden mitigar mediante una planificación adecuada y el uso de tecnologías avanzadas.

Figura 1-6. Aerogenerador.

Energía geotérmica

Esta fuente de energía utiliza el calor generado por la Tierra para producir electricidad. El calor se encuentra debajo de la superficie y se extrae a través de pozos geotérmicos. Y se utiliza también para generar vapor, que hace girar las turbinas, y estas a su vez al generador.

Fuentes de energía no renovable

Son aquellos recursos naturales que se agotan con el uso continuo y su regeneración toma millones de años, como el petróleo, el gas natural y el carbón. Los recursos no renovables suelen ser más costosos de producir y contribuyen significativamente a la emisión de gases de efecto invernadero y otros contaminantes atmosféricos, lo que representa un impacto negativo en el medio ambiente y la salud humana. Además, su suministro puede ser vulnerable a interrupciones o fluctuaciones de precios, debido a factores políticos o económicos.

Energía térmica

Esta fuente de energía implica la quema de combustibles fósiles, como el carbón, el petróleo o el gas natural, para generar calor y producir vapor. Este vapor se utiliza para hacer girar las turbinas de un generador, que a su vez produce electricidad. A pesar de ser una forma común de generación de energía, su impacto ambiental es muy negativo, debido a las emisiones de gases de efecto invernadero que produce.

Energía nuclear

Esta fuente utiliza la energía liberada durante la fisión nuclear para generar calor y producir vapor. Este vapor, como en el caso anterior, se utiliza para hacer girar las turbinas que impulsan un generador. La energía nuclear es una forma muy potente de generar electricidad, pero su impacto ambiental puede ser muy negativo, debido a la gestión de residuos radioactivos y al riesgo de accidentes nucleares.

Cuestionario de repaso

Responda la pregunta:

1. ¿Qué es una fuente de energía eléctrica?

2. ¿Cómo funciona una central hidroeléctrica?

3. ¿Qué es una turbina y para qué se utiliza?

4. ¿Cómo se genera la energía solar?

5. ¿Qué es la transmisión de energía eléctrica y cuál es su importancia en el suministro eléctrico?

Seleccione la opción correcta:

6. ¿Cuáles de las siguientes fuentes de energía son renovables?
   a. Energía nuclear
   b. Energía térmica
   c. Energía eólica
   d. Energía geotérmica

7. ¿Qué dispositivo se utiliza para convertir la energía mecánica en energía eléctrica en una central hidroeléctrica?
   a. Generador

    b.   Turbina
    c.   Panel solar
    d.   Molino de viento

8.   ¿Cuál es la principal fuente de energía utilizada para generar electricidad en las centrales térmicas?
    a.   Petróleo
    b.   Gas natural
    c.   Carbón
    d.   Energía nuclear

9.   ¿Qué tipo de energía se genera a partir de la radiación solar?
    a.   Energía hidroeléctrica
    b.   Energía eólica
    c.   Energía geotérmica
    d.   Energía solar

Responde si la afirmación es falsa o verdadera:

10. La energía nuclear es una fuente de energía renovable.
    a.   Falso
    b.   Verdadero

11. La energía eólica se genera a partir del viento.
    a.   Verdadero
    b.   Falso

12. En una central hidroeléctrica, la turbina se encarga de convertir la energía eléctrica en energía mecánica.
    a.   Falso
    b.   Verdadero

13. La energía solar se puede almacenar en baterías para su uso posterior.
    a.   Verdadero
    b.   Falso

14. La transmisión de energía eléctrica es el proceso de generar energía eléctrica a partir de una fuente de energía.
    a.   Falso
    b.   Verdadero

Completa la afirmación con la palabra o expresión correcta:

15. La energía eólica se genera a partir de la fuerza del __________.

16. La energía hidroeléctrica se produce a través de la energía mecánica generada por el movimiento del agua en una __________.

17. La energía térmica se genera a partir del calor producido por la combustión de __________.

18. Los paneles solares convierten la energía solar en energía __________.

2. COMPONENTES DE ELECTRICIDAD

Introducción

Los componentes eléctricos son los bloques de construcción fundamentales de cualquier circuito. Estos componentes son utilizados en la mayoría de los dispositivos electrónicos que usamos a diario, desde teléfonos móviles y computadores hasta carros y sistemas de energía eléctrica a gran escala. Por lo tanto, el conocimiento de los componentes eléctricos es vital para cualquiera que trabaje en la industria de la electrónica, desde diseñadores y técnicos, hasta ingenieros eléctricos y estudiantes de ciencias. Entender cómo operan y cómo se combinan para crear circuitos más grandes y complejos, es la clave para desarrollar tecnologías modernas cada vez más eficientes y avanzadas.

Los componentes eléctricos se pueden dividir en dos categorías: componentes activos y componentes pasivos. Los primeros incluyen baterías, generadores, fuentes, transistores y circuitos integrados, mientras que los segundos comprenden resistencias, capacitores, inductores y diodos.

La resistencia eléctrica, por ejemplo, es una propiedad fundamental de los materiales, que se utiliza para variar el flujo de corriente en un circuito; el capacitor y la bobina son importantes para el almacenamiento de energía en el circuito, mientras que la batería y el generador son fuentes de energía utilizadas para alimentarlo.

Veamos, entonces, cuáles son algunos de los componentes de la electricidad.

Carga

La carga eléctrica es una propiedad de las partículas subatómicas (electrones, protones y neutrones), que les confiere la capacidad de interactuar entre ellas mediante fuerzas electromagnéticas. La carga puede ser positiva o negativa, se mide en Coulombs (C), y se representa por una Q. Los electrones tienen carga negativa, mientras que los protones tienen carga positiva. Los neutrones no tienen carga eléctrica o, como su nombre lo indica, es neutra.

Las cargas eléctricas se pueden transferir entre objetos mediante el contacto directo o el proceso denominado inducción, que veremos más adelante. Cuando dos objetos tienen cargas eléctricas opuestas, se atraen entre sí, como se muestra en la Figura 2-1(a), donde una carga positiva y otra negativa se atraen; cuando tienen cargas eléctricas iguales, estas se repelen, como se muestra en las Figuras 2-1(b) y (c), donde cargas eléctricas positivas entre sí, y cargas eléctricas negativas entre sí, se repelen.

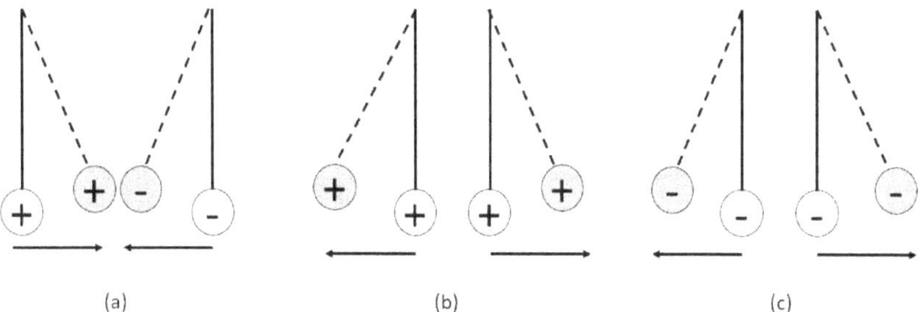

Figura 2-1 (a) Atracción de cargas diferentes, (b) repulsión de cargas positivas, (c) repulsión de cargas negativas.

Además, las cargas eléctricas generan campos eléctricos a su alrededor (también existen campos magnéticos y campos electromagnéticos). Un campo eléctrico es una región del espacio en la que una carga experimenta una fuerza eléctrica. La magnitud del campo depende de la cantidad y distribución de cargas presentes en la región.

La fuerza entre cargas eléctricas se rige por la Ley de Coulomb, mientras que la fuerza entre cargas en movimiento y campos magnéticos se rige por la Ley de Lorentz.

Ley de Coulomb

Establece que la fuerza eléctrica entre dos cargas puntuales es directamente proporcional al producto de sus cargas e inversamente proporcional al cuadrado de la distancia que las separa. Matemáticamente, se puede expresar de la siguiente forma:

$$F = k \times \left(\frac{q_1 \times q_2}{d^2} \right)$$

Donde:

F, es la fuerza eléctrica entre las cargas

K, se denomina la constante de Coulomb

q_1, es la carga de la partícula 1

q_2, es la carga de la partícula 2

d, es la distancia de separación entre las dos cargas

Las cargas eléctricas tienen una gran cantidad de aplicaciones en la vida cotidiana. Por ejemplo, la electricidad es una forma de energía que se basa en el movimiento de dichas cargas; los dispositivos electrónicos las utilizan para funcionar, y los imanes pueden generar corrientes eléctricas mediante el movimiento relativo de cargas en un circuito. Además, las cargas eléctricas se utilizan en la industria para procesos como la electroforesis (técnica de laboratorio que se usa para separar moléculas de ADN, ARN o proteínas en función de su tamaño y carga), o la misma soldadura eléctrica.

Corriente

La corriente eléctrica es el flujo de cargas a través de un material conductor, como un alambre o un circuito eléctrico, en un período de tiempo determinado. Matemáticamente, esto se puede expresar de la siguiente forma:

$$I = \frac{Q}{t}$$

Donde:

I, es la corriente eléctrica
Q, es la carga eléctrica
t, es el tiempo

Para que haya una corriente eléctrica se requiere de una diferencia de potencial entre dos puntos. La diferencia de potencial crea un campo eléctrico que impulsa las cargas a través del material conductor, generando así la corriente. Esta se mide en amperios (A), se representa por una I, y su dirección de flujo se define como la dirección en la que se mueven las cargas positivas.

La corriente eléctrica puede ser de dos tipos: directa (CD) o alterna (CA), como se muestra en las Figuras 2-2(a) y (b) respectivamente. La corriente directa fluye en una sola dirección, mientras que la corriente alterna cambia de dirección de manera periódica. La corriente alterna es la forma en que la electricidad se suministra a la mayoría de los hogares y empresas.

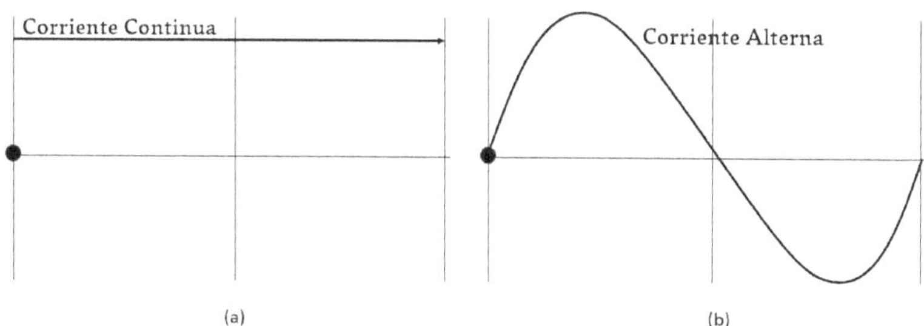

Figura 2-2 (a) Corriente Directa (CD) y (b) Corriente Alterna (CA).

Ahora bien, si la intensidad de la corriente eléctrica depende de la cantidad de carga que fluye por el conductor por unidad de tiempo, al aumentar la carga aumenta la intensidad de la corriente (más adelante veremos que esto se logra, a su vez, aumentando el voltaje o reduciendo la resistencia en un circuito).

La corriente eléctrica puede ser peligrosa si no se maneja correctamente. Si una persona toca un conductor de corriente mientras está fluyendo corriente por él, la persona se puede convertir ella misma en conductora de electricidad, y la corriente fluirá a través de su cuerpo, lo que puede causarle lesiones o incluso la muerte. Se debe tener precaución al trabajar con electricidad y seguir las prácticas de seguridad adecuadas.

Voltaje

El voltaje eléctrico (o diferencia de potencial o tensión), es la medida de la fuerza eléctrica que impulsa la corriente a través de un circuito. Se mide en voltios (V), se representa por una V, y se puede pensar en él como la presión que empuja los electrones a través de un conductor. En otras palabras, el voltaje se crea cuando hay una diferencia de carga eléctrica entre dos puntos en un circuito eléctrico; si se conecta un conductor entre esos dos puntos, los electrones fluirán de uno de ellos al otro, generando así la corriente. En la Figura 2-3 se muestra una analogía entre la diferencia de nivel del agua en un sistema hidráulico y la difrencia de potencial en un circuito eléctrico.

Obsérvese que la altura H en la figura plantea una fuerza por la cual el agua trata de encontrar el equilibrio en las dos superficies. De la misma forma, al presentarse un exceso de electrónes en el lado A de la gráfica, y un déficit en el lado B, los electrones fluirán desde A hasta B, tratando de llenar los huecos en B.

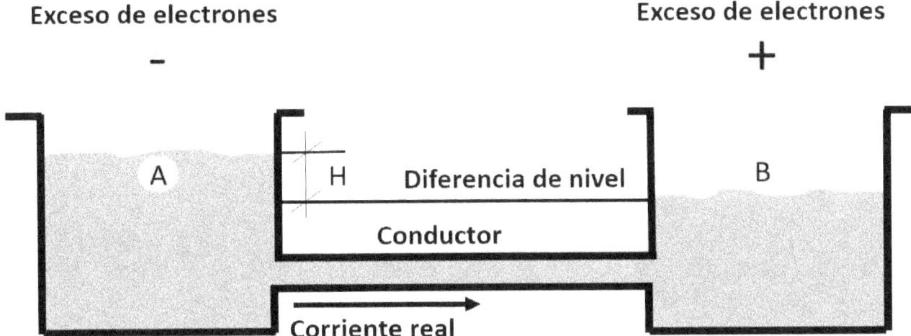

Figura 2-3. Analogía entre la diferencia de nivel del agua en un sistema hidráulico y la diferencia de potencial de un sistema eléctrico.

El voltaje es importante, por ejemplo, para alimentar dispositivos eléctricos y electrónicos, y para cargar las baterías y los acumuladores que alimentan diferentes equipos, así como para transmitir electricidad a larga distancia a través de líneas de alta tensión.

Importante

El voltaje eléctrico puede ser peligroso si no se maneja correctamente. Si una persona toca simultaneamente dos cables entre los que hay aplicada una diferencia de potencial, una corriente eléctrica puede fluir a través de su cuerpo, lo que puede causarle lesiones o incluso la muerte. Se debe tener precaución al trabajar con electricidad y seguir las prácticas de seguridad adecuadas.

Potencia

La potencia eléctrica es la medida de la cantidad de energía eléctrica que se transfiere al o se consume por un circuito eléctrico por unidad de tiempo. Se mide en vatios (W), se representa por una P, y es directamente proporcional a la corriente y al voltaje en el circuito. Para calcularla se puede utilizar la fórmula:

$$P = VI$$

Donde:

P, es la potencia eléctrica en vatios
V, es el voltaje eléctrico en voltios
I, es la corriente eléctrica en amperios.

En el diagrama de la Figura 2-4 se muestra una fuente de energía en un circuito que, en (a) suministra potenia eléctrica, en tanto que en (b) absorbe potencia eléctrica (mírese el sentido del flujo de la corriente).

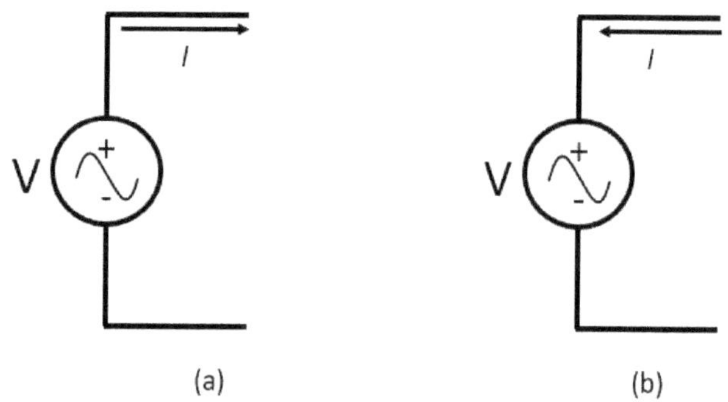

Figura 2-4 (a) Potencia suministrada por una fuente, (b) Potencia absorbida por una fuente.

La potencia eléctrica se puede clasificar en dos tipos: potencia activa y potencia reactiva. La activa es la energía eléctrica que se convierte en trabajo útil, como la que se utiliza para alimentar una bombilla o un motor. La reactiva es la energía eléctrica que se almacena y libera en un circuito, como la que queda acumulada en un capacitor o una bobina.

La potencia es necesaria para determinar la capacidad de un sistema, para alimentar dispositivos eléctricos y electrónicos, también para diseñar sistemas de protección eléctricos, como los fusibles y los interruptores automáticos, que protegen el circuito y sus dispositivos conectados contra sobrecargas eléctricas.

Nunca serán suficientes las alertas que se hagan a quien trabaja o usa la electricidad, para que se cuide de sus peligros.

Importante

Siendo la potencia eléctrica resultante de la corriente y el voltaje, es importante tener en cuenta que también puede ser peligrosa si no se tiene precaución al trabajar con ella. Es fundamental seguir las prácticas de seguridad adecuadas, no importa si se trata de circuitos eléctricos de alta tensión y bajas corrientes o circuitos electrónicos de baja tensión y bajas corrientes. Siempre debe el electricista asegurarse de que los dispositivos estén diseñados y conectados de acuerdo con las especificaciones y normas aplicables.

Energía

La energía eléctrica se produce a través de la transferencia de electrones entre átomos. Es una forma muy versátil de energía, que se utiliza en una amplia variedad de aplicaciones, desde la iluminación y el funcionamiento de los electrodomésticos hasta los equipos que mueven la industria y el transporte en el mundo. Se mide en Julios (J) o Kilovatios-Hora (Kwh) y se representa por una E. Un Kilovatio-hora es la cantidad de energía que se consume al utilizar un dispositivo que tiene una potencia de un kilovatio durante una hora.

Como ya vimos, se puede generar energía eléctrica a partir de diversas fuentes, como la hidráulica, la térmica, la eólica, la solar o la nuclear. Las fuentes más comunes son las que utilizan la fuerza del agua o las que utilizan la fuerza del vapor para girar turbinas que, a su vez, mueven generadores que producen la electricidad.

La energía eléctrica se transmite y distribuye a través de una red de líneas de transmisión y distribución de energía (veremos estos aspectos con más detalle más adelante). En la red de distribución, la energía eléctrica se transforma a diferentes niveles de voltaje para su uso en hogares, empresas e industrias.

Por otro lado, se deben tomar medidas para reducir el consumo innecesario de energía eléctrica y fomentar el uso de fuentes de energía renovable y sostenible para su generación. De nuevo:

La energía eléctrica puede ser peligrosa si no se maneja adecuadamente. Es importante seguir las prácticas de seguridad adecuadas y las normas y regulaciones aplicables para trabajar con ella.

Resistencia

La resistencia eléctrica es la propiedad que presentan los materiales para oponerse al flujo de la corriente. Es una medida de la dificultad que tiene la corriente para pasar a través de un material, se mide en ohmios (Ω) y se representa por una R. El de la Figura 2-5 es el símbolo comúnmente utilizado para representar una resistencia.

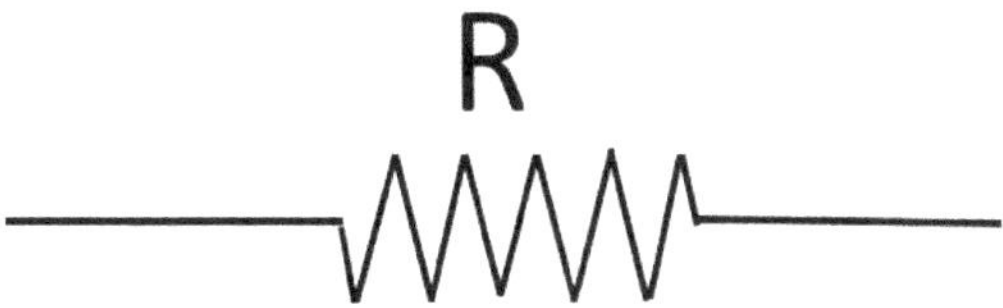

Figura 2-5. Símbolo de la resistencia eléctrica.

Desde otro punto de vista, la resistencia eléctrica se debe a la interacción de los electrones en movimiento (la corriente) con los átomos del material a través del cual se mueven. Los electrones, al colisionar con los átomos del material y perder energía, hacen aumentar su resistencia, lo que reduce el flujo de electricidad.

Matemáticamente, la resistencia se puede calcular en términos del voltaje aplicado sobre ella y la corriente que la atraviesa.

$$R = \frac{V}{I}$$

Donde:

R, es la resistencia del material
V, es el voltaje aplicado sobre el material
I, es la corriente que atraviesa el material

Más adelante veremos que esta relación se denomina Ley de Ohm, la cual tiene una gran aplicación en el diseño de circuitos eléctricos, pues permite hallar el valor de la corriente, el voltaje o la misma resistencia, si se conocen los otros dos valores.

La resistencia eléctrica puede afectar el rendimiento y la seguridad del circuito. Por ejemplo, el uso de cables con una resistencia demasiado alta puede provocar una caída de voltaje y una pérdida de energía en el circuito. Por otro lado, el uso de resistencias eléctricas en serie o en paralelo (configuraciones que veremos más adelante en este libro) con otros componentes, puede ajustar el flujo de corriente y proteger los elementos de este contra daños.

Conductores, semiconductores y aislantes

Los materiales que tienen una baja resistencia eléctrica se denominan conductores, mientras que los que tienen una alta resistencia eléctrica se denominan aislantes. Los materiales que tienen una resistencia eléctrica intermedia se denominan semiconductores. Y cada uno de estos grupos de elementos tiene aplicaciones específicas en el campo eléctrico. En la Tabla 2-1 aparecen ejemplos de elementos conductores, aislantes y semiconductores.

Tabla 2-1. Elementos conductores, aislantes y semiconductores

Conductores	Aislantes	Semiconductores
Cobre	Vidrio	Silicio
Aluminio	Cerámica	Germanio
Oro	Madera	Selenio
Plata	Aire	Telurio
Hierro	Goma	Galio
Zinc	Porcelana	Arseniuro de galio
Níquel	Plástico	Silicio amorfo
Bronce	Teflón	Carburo de silicio

La conductividad eléctrica de los materiales se explica de la siguiente forma:

Materiales conductores: En los materiales conductores, los electrones de la capa más externa de los átomos (los llamados electrones de valencia) están débilmente ligados al núcleo y pueden moverse fácilmente entre los átomos. Cuando se aplica un campo eléctrico (por ejemplo, mediante la aplicación de un voltaje), los electrones pueden moverse a través del material, lo que produce una corriente eléctrica.

Materiales semiconductores: En los materiales semiconductores, la conductividad eléctrica es intermedia entre la de los conductores y la de los aislantes. Los electrones de valencia están más fuertemente ligados al núcleo que en los conductores, pero aún así pueden moverse con cierta facilidad. Sin embargo, la conductividad eléctrica de los semiconductores depende mucho de la temperatura y de la presencia de impurezas en el material.

Materiales aislantes: En los materiales aislantes, los electrones de valencia están muy fuertemente ligados al núcleo y no pueden moverse con facilidad. Por lo tanto, estos materiales no conducen la electricidad fácilmente.

Configuración electrónica

La configuración electrónica se refiere a la distribución de los electrones en los diferentes niveles y subniveles de energía de un átomo o ion. Los electrones están dispuestos en diferentes orbitales alrededor del núcleo del átomo y se distribuyen en capas electrónicas que se denominan niveles de energía.

La notación utilizada para describir la configuración electrónica es mediante la secuencia de los números cuánticos n, l, y m, que indican la energía, la forma y la orientación del orbital, respectivamente. «n» representa el número cuántico principal, que indica el nivel de energía o capa en la que se encuentran los electrones. Este valor puede ser cualquier número entero positivo mayor o igual que 1. «l» representa el número cuántico secundario o momento angular orbital, que indica la forma del orbital en el que se encuentra el electrón. Este valor puede ser cualquier número entero no negativo menor que n. «m» representa el número cuántico magnético, que indica la orientación del orbital en el espacio. Este valor puede ser cualquier número entero que se encuentre en el rango de -l a l.

El número de electrones que puede contener un nivel de energía determinado viene dado por la fórmula $2n^2$, donde n es el número cuántico principal.

Por ejemplo, la configuración electrónica del átomo de oxígeno (Z=8) es $1s^2\ 2s^2\ 2p^4$, lo que indica que tiene 2 electrones en el nivel de energía 1s, 2 electrones en el nivel 2s, y 4 electrones en el nivel 2p. Si sumamos los electrones en el último nivel de energía, es decir, el nivel 2, encontramos que tiene 6 electrones.

Los *conductores* tienen menos de 4 electrones de valencia, es decir, en su último nivel de energía, por lo tanto, están débilmente unidos al núcleo y pueden ser fácilmente desprendidos para productir corriente eléctrica. Los *semiconductores* tienen exactamente cuatro electrones de valencia, y los *aislantes* tienen más de cuatro electrones de valencia.

La configuración electrónica de un átomo o ion puede utilizarse para predecir su comportamiento químico, así como sus propiedades físicas y químicas. Además, la configuración electrónica puede ser afectada por la presencia de otros átomos, por la aplicación de un campo eléctrico, por la temperatura, entre otros factores. Así, la configuración electrónica puede variar en diferentes situaciones y es una propiedad importante para entender la química y física de los átomos y moléculas.

El tema de la configuración electrónica de los materiales es muy importante para entender el comportamiento de los mismos desde el punto de vista eléctrico, pero no hace parte del alcance de este libro, por lo que se deja como actividad de investigación.

Bobina e inductancia

La inductancia eléctrica es una propiedad de los circuitos que se relaciona con la capacidad de un conductor para generar un campo magnético en respuesta al flujo de corriente que pasa a través de él. Se mide en henrios (H), y se representa por la letra L. En la Figura 2-6 se puede ver el símbolo de una inductancia.

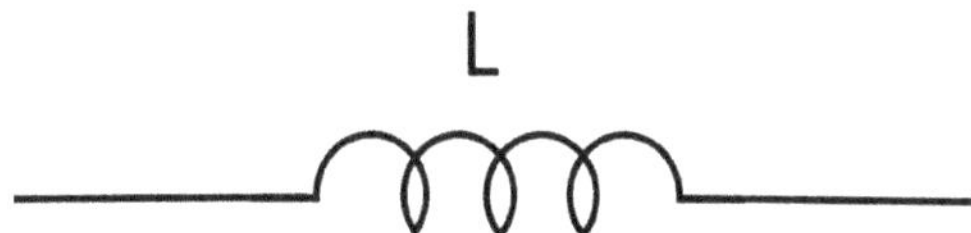

Figura 2-6. Símbolo de la bobina eléctrica.

Cuando la corriente eléctrica fluye a través de un conductor, se genera un campo magnético que se extiende alrededor de este. El campo magnético puede interactuar con otros conductores cercanos, induciendo a su vez una corriente eléctrica en ellos. Esta propiedad se conoce como inductancia eléctrica y se produce en los circuitos que contienen bobinas o solenoides. En la Figura 2-7 se puede apreciar la forma como se construyen los solenoides.

La inductancia eléctrica depende de la geometría de la bobina, el número de vueltas de alambre, el material del núcleo y la permeabilidad magnética del material. A medida que la corriente eléctrica cambia en el tiempo, el campo magnético alrededor de la bobina también cambia, lo que puede producir una fuerza electromotriz en ella que contrarresta el cambio de la corriente eléctrica. Esta fuerza electromotriz se conoce como autoinducción.

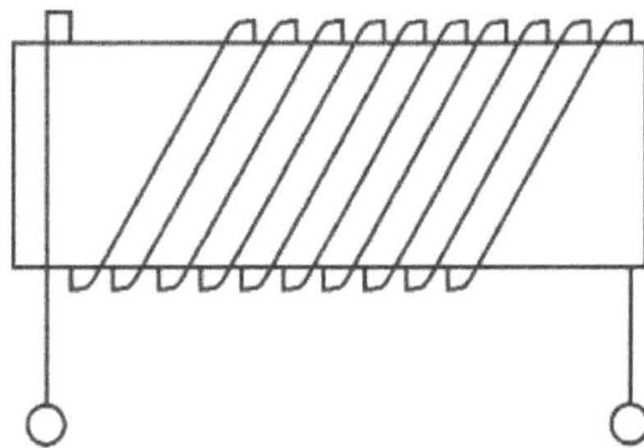

Figura 2-7. Ejemplo de una bobina o solenoide.

La inductancia también puede estar presente en circuitos que no contienen bobinas o solenoides. Cualquier circuito que tenga un conductor en espiral o con una forma circular puede tener inductancia eléctrica.

Este componente se utiliza en muchos dispositivos electrónicos, como transformadores, motores eléctricos, generadores y circuitos de filtrado. Los transformadores utilizan la inductancia eléctrica para transformar el voltaje de corriente alterna de un nivel a otro, mientras que los motores eléctricos utilizan la inductancia para generar un campo magnético que produce movimiento en el rotor.

Capacitor y capacitancia

La capacitancia eléctrica es una propiedad de los circuitos eléctricos, que se relaciona con la capacidad de un capacitor para almacenar carga eléctrica. Se mide en faradios (F) y se representa por una C.

Cuando se aplica un voltaje a un capacitor, se acumula una carga eléctrica en las superficies opuestas del componente. La capacitancia se refiere a la cantidad de carga que puede almacenar el capacitor en relación con el voltaje aplicado. En la Figura 2-8 se muestra el símbolo de un capacitor.

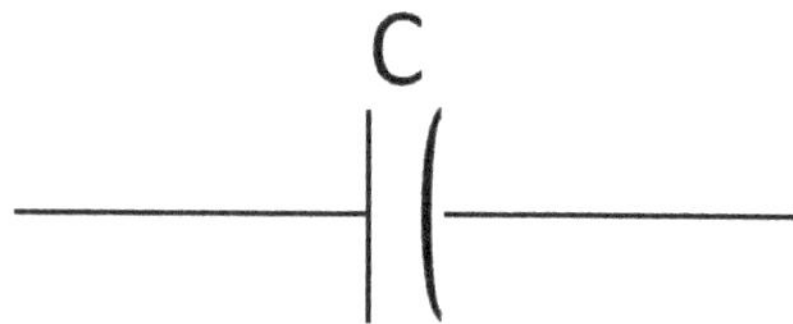

Figura 2-8. Símbolo de un capacitor eléctrico.

La capacitancia eléctrica depende de la geometría del capacitor, la separación entre las superficies conductoras y el material aislante que las separa. Cuanto mayor sea la superficie del capacitor, más alta será la capacitancia eléctrica. Por otro lado, cuanto mayor sea la separación entre las superficies conductoras, menor será dicha capacitancia. En la Figura 2-9, se muestra la forma como se construye un capacitor:

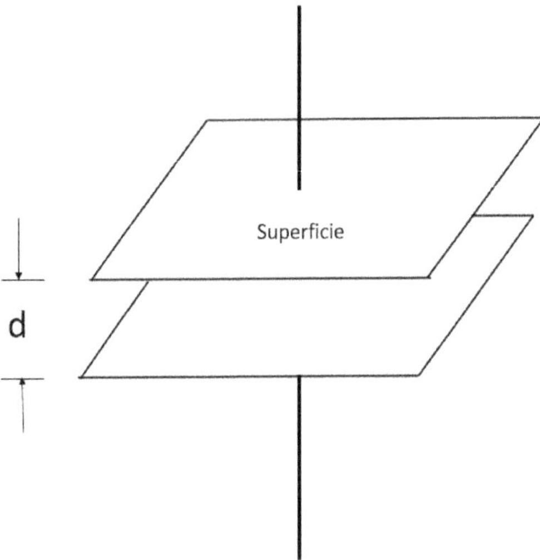

Figura 2-9. Estructura de un capacitor.

La capacitancia eléctrica se utiliza en muchos dispositivos electrónicos, como filtros, osciladores y circuitos de acoplamiento. También en circuitos para almacenar energía, eliminar ruido eléctrico y filtrar señales. Y es importante en los circuitos de transmisión de datos, ya que la capacitancia de un cable puede causar una disminución en la velocidad de transmisión y una degradación en la calidad de la señal.

Batería

Una batería eléctrica es un dispositivo que convierte energía química en energía eléctrica, mediante una reacción electroquímica. Consiste en una o más celdas electroquímicas que, a su vez, están compuestas por dos electrodos hechos de diferentes materiales, un ánodo y un cátodo, separados por un electrolito (ver la pila de Volta en la Figura 2-10). Cuando se conecta un circuito eléctrico a los electrodos, se produce una reacción química que libera electrones en el ánodo y los captura en el cátodo, lo que produce una corriente eléctrica que puede ser utilizada para alimentar dispositivos.

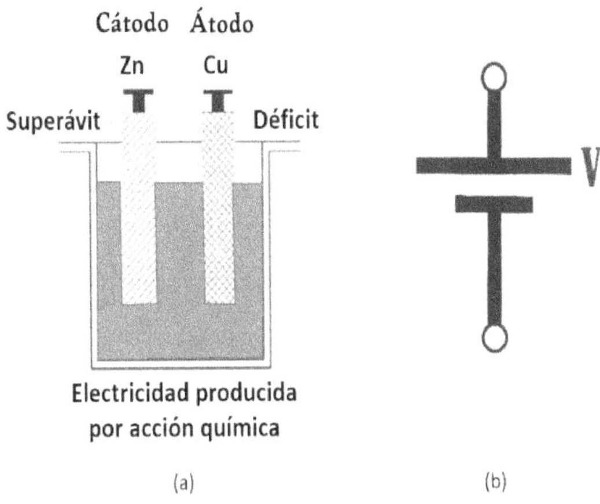

Figura 2-10 (a) Pila de Volta, (b) símbolo de una batería.

Algunas baterías eléctricas son recargables y pueden ser recargadas muchas veces, mientras que otras son desechables y deben ser reemplazadas cuando se agotan. Las recargables se recargan mediante una fuente de energía externa (un cargador), que invierte la reacción química para devolver la energía almacenada a la batería.

Las baterías eléctricas son ampliamente utilizadas en dispositivos electrónicos portátiles, como teléfonos móviles, reproductores de música, computadores portátiles y cámaras, así como en vehículos eléctricos y sistemas de almacenamiento de energía. Están disponibles en una amplia variedad de tamaños y formas, desde pequeñas baterías de botón utilizadas en relojes y audífonos hasta grandes baterías de iones de litio, utilizadas en vehículos eléctricos y sistemas de almacenamiento de energía. Cada tipo de batería tiene sus propias características de rendimiento, capacidad, vida útil y costo.

Generador

Un generador eléctrico es un dispositivo que convierte energía mecánica en energía eléctrica. Los generadores son comúnmente utilizados para proveer electricidad en plantas de energía o en áreas remotas. En la Figura 2-11 se puede ver el símbolo de un generador.

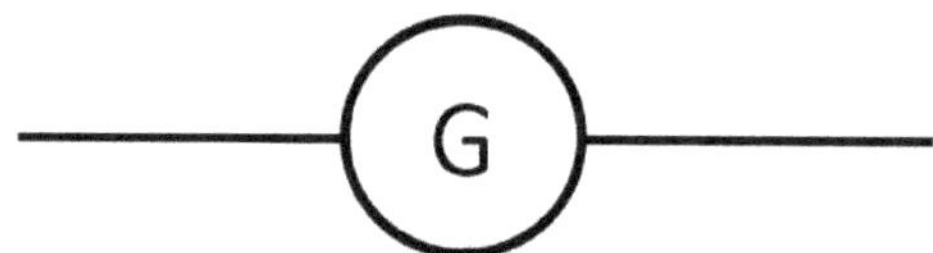

Figura 2-11. Símbolo de un generador eléctrico.

Fuente independiente

Una fuente independiente de electricidad es un dispositivo que proporciona energía eléctrica de forma autónoma e ininterrumpida a un circuito eléctrico. A diferencia de las fuentes de alimentación dependientes, una fuente independiente de electricidad suministra un voltaje constante sin importar las variaciones en la carga del mismo.

Las fuentes independientes se utilizan a menudo en aplicaciones donde se requiere un voltaje estable y fiable, como en los sistemas de control de procesos industriales, los equipos médicos y los sistemas de comunicaciones.

Existen diferentes tipos de fuentes independientes, incluyendo las de alimentación lineales y las conmutadas. Las primeras utilizan un transformador y un regulador de voltaje para proporcionar una salida estable y sin fluctuaciones al circuito. Las segundas utilizan tecnología de conmutación de alta frecuencia para convertir la energía de una fuente de entrada de voltaje variable en una salida de voltaje constante y regulada. En la Figura 2-12 se muestran los símbolos de una fuente independiente (a) de voltaje, y (b) de corriente.

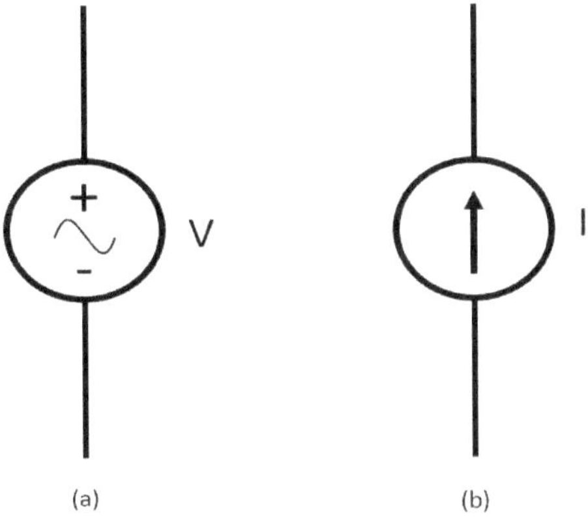

Figura 2-12. Fuente independiente (a) de voltaje, (b) de corriente.

Las fuentes independientes de electricidad también pueden ser clasificadas según su capacidad de corriente y su capacidad de voltaje. Las de alimentación de baja potencia se utilizan en dispositivos electrónicos portátiles, mientras que las de alta potencia se utilizan en aplicaciones industriales.

Fuente dependiente

Una fuente dependiente de electricidad (también llamada regulada o controlada), es un dispositivo que proporciona una salida que depende de una señal eléctrica en otro componente del circuito. Es decir, que a diferencia de las fuentes independientes, una fuente dependiente ajusta su salida en respuesta a una señal de entrada específica.

Existen diferentes tipos de fuentes dependientes, incluyendo las de corriente, Figura 2-13 (b) y (d) y las de voltaje, Figura 2-13 (a) y (c). Las fuentes de corriente dependientes de la corriente, se utilizan para proporcionar una corriente controlada, en respuesta a una señal de corriente específica en alguna otra parte del circuito, mientras que las fuentes de voltaje dependientes del voltaje, se utilizan para proporcionar un voltaje controlado, en respuesta a una señal de voltaje específico en alguna otra parte del circuito.

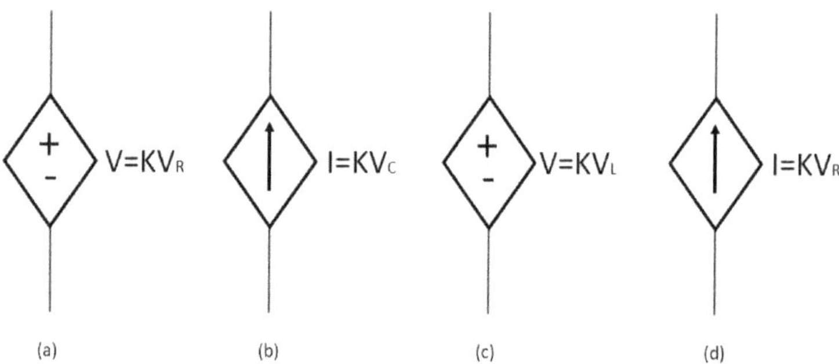

Figura 2-13. Fuentes dependientes de voltaje y corriente.

Las fuentes dependientes de electricidad también pueden ser clasificadas según su relación con la señal de entrada. Las fuentes proporcionales tienen una relación lineal entre la señal de entrada y la salida de la fuente, mientras que las fuentes no proporcionales tienen una relación no lineal entre la señal de entrada y la salida de la fuente.

Las fuentes dependientes de electricidad se utilizan a menudo en aplicaciones de amplificación y control de señales, como en los circuitos de amplificadores de audio, osciladores y sistemas de control automático.

Para terminar este capítulo, a en la Tabla 2-1 resumimos los componentes revisados en el mismo, así como su letra de representación, y la unidad de medida con la quw se trabaja.

Tabla 2-1. Resumen de componentes eléctricos

Componente	Representación	Significado	Medida
Carga	Q	Cantidad de carga	Coulomb (C)
Corriente	I	Intensidad de corriente	Amperio (A)
Voltaje	V	Diferencia de potencial	Voltio (V)
Potencia	P	Potencia	Vatio (W)
Energía	E	Energía	Julio (J)
Resistencia	R	Resistencia	Ohmio (Ω)
Inductancia	L	Inductancia	Henry (H)
Capacitancia	C	Capacitancia	Faradio (F)
Batería	B	Carga almacenada	Coulomb (C)
Generador	G	Voltaje generado	Voltio (V)
Fuente independiente	-	Voltaje o corriente independiente	Voltio (V) o Amperio (A)
Fuente dependiente	-	Voltaje o corriente dependiente	Voltio (V) o Amperio (A)

Cuestionario de repaso

Responda la pregunta:

1. ¿Qué es la carga eléctrica?

2. ¿Cuál es la unidad de medida de la carga eléctrica?

3. ¿Cuál es la definición de la corriente eléctrica?

4. ¿Es la corriente eléctrica peligrosa o inofensiva?

5. Explica con tus propias palabras el voltaje eléctrico.

6. ¿Con qué otros nombres se conoce el voltaje eléctrico?

7. ¿Qué es la potencia eléctrica?

8. ¿Cómo se calcula la potencia eléctrica?

9. ¿Hay alguna diferencia entre un Joule y un Kwh?

10. ¿Qué fuentes de enegía eléctrica conoce?

11. Todos los elementos tienen una determinada resistencia eléctrica. Explique.

12. ¿Qué es un semiconductor?

13. ¿Qué es la inductancia eléctrica?

14. ¿Cómo construiría una inductancia eléctrica?

15. ¿Qué es la capacitancia eléctrica?

16. ¿Cuál es la unidad de medida de la capacitancia eléctrica?

17. ¿Dónde y para qué se utilizan las baterías eléctricas?

18. ¿Qué son los generadores eléctricos?

19. Una fuente independiente de electricidad solo depende del tiempo. Explique.

20. ¿Cántos tipos de fuentes controladas de energía eléctrica conce?

3. CIRCUITOS ELÉCTRICOS

Definición

Un circuito eléctrico es una red de componentes eléctricos, interconectados, que permiten el flujo de la corriente. Los componentes típicos de un circuito incluyen fuentes de energía, como baterías o generadores, así como dispositivos que consumen dicha energía, como resistencias, bobinas y capacitores.

Los circuitos eléctricos pueden ser diseñados para cumplir diferentes funciones, como proporcionar energía a un dispositivo, realizar una tarea específica, como la de un temporizador, o controlar un sistema automatizado. También se utilizan en soluciones de comunicaciones, electrónica de consumo, equipos médicos y en la industria en general.

Pueden ser analizados utilizando la ley de Ohm y las leyes de Kirchhoff, como veremos más adelante, las cuales establecen las relaciones entre las corrientes, los voltajes y las resistencias en un circuito.

Tipos de circuitos eléctricos

Existen varios tipos de circuitos eléctricos, los cuales se diferencian en su configuración y el flujo de corriente que manejan. Algunos de los más comunes son:

Circuitos en serie

Donde los componentes están conectados uno a continuación del otro, de manera que la corriente fluye por ellos de forma secuencial. La corriente es la misma en todo el circuito, pero el voltaje se divide entre los diferentes elmentos conectados. Si uno de estos componentes falla, todo el circuito se interrumpe. En la Figura 3-1 se puede apreciar un circuito en serie.

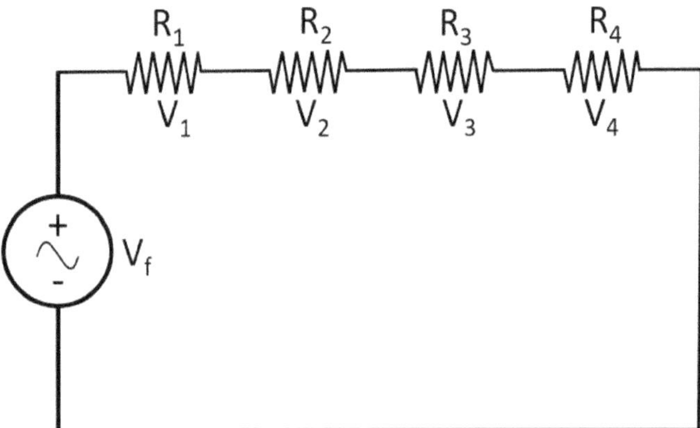

Figura 3-1. Circuito en serie

Circuitos en paralelo

Donde los componentes están conectados en ramas separadas, de manera que la corriente se divide entre ellas. Cada rama puede tener diferentes valores de resistencia y corriente, y si uno de los componentes falla, los demás siguen funcionando. En la Figura 3-2 se puede apreciar un circuito en paralelo.

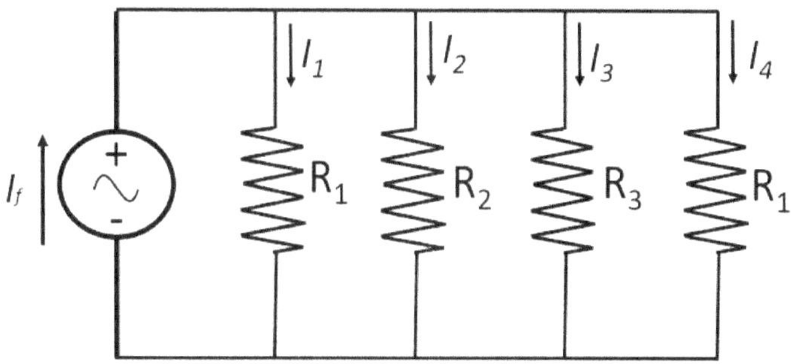

Figura 3-2. Circuito en paralelo

Circuitos mixtos

Combinan elementos de circuitos en serie y circuitos en paralelo. Por lo general, se dividen en secciones separadas, cada una con sus propias ramas en paralelo y componentes en serie. En la Figura 3-3 se muestra un ejemplo de circuito mixto.

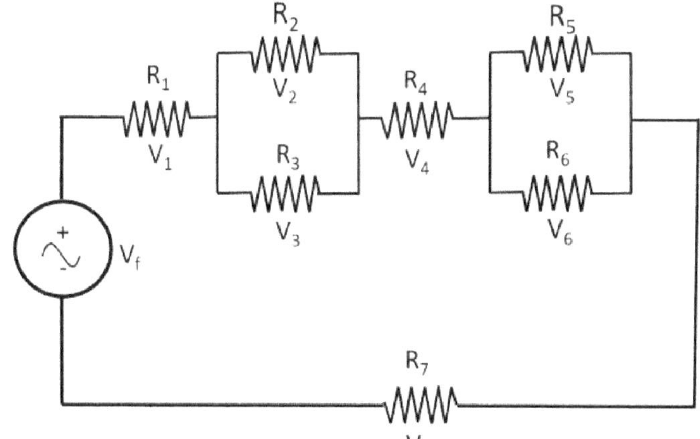

Figura 3-3. Circuito mixto

Circuitos de corriente directa

Son circuitos diseñados para ser alimentados con corriente directa (CD), la cual, como ya sabemos, fluye en una sola dirección. Este tipo de circuitos son muy comunes en baterías y fuentes de alimentación.

Circuitos de corriente alterna

Son circuitos diseñados para ser utilizados con corriente alterna (CA), la cual cambia de dirección y magnitud de manera periódica. Son comunes en la transmisión de energía eléctrica, y en la mayoría de los sistemas de iluminación y aparatos electrónicos que utilizan corriente de la red eléctrica.

Hay que tener en cuenta que los tipos de circuitos eléctricos que se utilizan en una aplicación específica, dependerán de las necesidades de esa aplicación. Por ejemplo, los circuitos en serie son adecuados para las luces de Navidad, donde se requiere que todas las luces enciendan al mismo tiempo o no encienda ninguna en absoluto. Por otro lado, los circuitos en paralelo son útiles para los enchufes de pared, donde se pueden conectar varios dispositivos en diferentes enchufes, y cada uno funcionará de forma independiente.

Ley de Ohm

La ley de Ohm establece la relación entre la corriente, el voltaje y la resistencia en un circuito eléctrico. Esta ley fue descubierta por el físico alemán Georg Simon Ohm en 1827, y establece que:

La corriente eléctrica que fluye por un circuito es directamente proporcional al voltaje aplicado y es inversamente proporcional a la resistencia del circuito.

La constante que por la ley de Ohm relaciona la corriente y el voltaje es preciamente la resistencia eléctrica del elemento.

Matemáticamente, se puede expresar de la siguiente forma:

$$I = \frac{V}{R}$$

Donde:

I, es la corriente eléctrica en amperios (A)
V, es el voltaje en voltios (V)
R, es la resistencia en ohmios (Ω)

Esto significa que si el voltaje se mantiene constante, un aumento en la resistencia del circuito disminuirá la corriente eléctrica que fluye a través de él. De manera similar, si la resistencia se mantiene constante, un aumento en el voltaje aumentará la corriente eléctrica.

La ley de Ohm es una herramienta fundamental para el diseño y análisis de circuitos eléctricos. Permite a los ingenieros y técnicos calcular la corriente, el voltaje o la resistencia necesarios para que un circuito funcione correctamente. Además, es utilizada en la medición y prueba de componentes y sistemas eléctricos.

Leyes de kirchoff

Las leyes de Kirchhoff son dos principios fundamentales que rigen el comportamiento de las corrientes eléctricas en un circuito cerrado. La primera es la ley de nodos y la segunda es la ley de mallas. Ambas son muy utilizadas en el análisis de circuitos, desde la electrónica básica hasta la ingeniería más avanzada. Fueron establecidas por el físico alemán Gustav Kirchhoff en 1845, y establecen que:

Primera ley de Kirchhoff (Ley de nodos)

La suma de las corrientes que entran a un nodo en un circuito, es igual a la suma de las corrientes que salen de ese nodo.

Esto se debe a la conservación de la carga eléctrica, que no puede ser creada ni destruida. Matemáticamente, se puede expresar de la siguiente forma:

$$\sum_{1}^{n} I = 0$$

Donde ΣI es la suma algebraica de las corrientes que entran a un nodo y salen de él.

Segunda ley de Kirchhoff (Ley de mallas)

La suma de los voltajes en un circuito cerrado es igual a cero.

Como en la ley de nodos, esto se debe a que la energía eléctrica no puede ser creada ni destruida. Matemáticamente, se puede expresar de la siguiente forma:

$$\sum_{1}^{n} V = 0$$

Donde Σ V es la suma algeabraica de los voltajes en un circuito cerrado.

Las leyes de Kirchhoff son esenciales para el análisis de circuitos eléctricos complejos y son utilizadas con frecuencia por los profesionales de la electricidad para resolver sus necesidades de diseño. Al aplicar estas leyes a un circuito, se pueden determinar las corrientes y voltajes en diferentes componentes y partes del mismo, lo que permite una mayor comprensión del comportamiento del circuito y la solución de problemas eléctricos.

Análisis de circuitos

Es una disciplina de la ingeniería eléctrica que se centra en el estudio y la resolución de circuitos complejos. Es esencial para el diseño, la construcción y el mantenimiento de sistemas, tanto eléctricos como electrónicos, desde simples circuitos de iluminación hasta sistemas complejos de automatización y control.

El análisis de circuitos se realiza a menudo mediante el uso de técnicas de matemáticas y simulación, donde no solo el análisis de nodos y el análisis de mallas cobran relevancia, sino también otras técnicas, como el análisis de la transformada de Laplace, el análisis de Fourier y la simulación por computador. Estas herramientas permiten comprender cómo las variables del circuito (voltaje, corriente, resistencia, capacitancia, inductancia, etc.) interactúan entre sí y cómo afectan el rendimiento del mismo.

El análisis de circuitos también implica el uso de instrumentos de medida (que veremos más adelante en este libro), como multímetros, osciloscopios y analizadores de espectro, para realizar mediciones precisas de las variables eléctricas del circuito y verificar su funcionamiento en el mundo real.

Método de nodos

Es una técnica de análisis de circuitos eléctricos que se utiliza para encontrar las corrientes en los diversos componentes del circuito. En este método, se analiza el contorno en términos de los voltajes en los nodos, que son los puntos donde se unen tres o más componentes, como se muestra en la Figura 3-4.

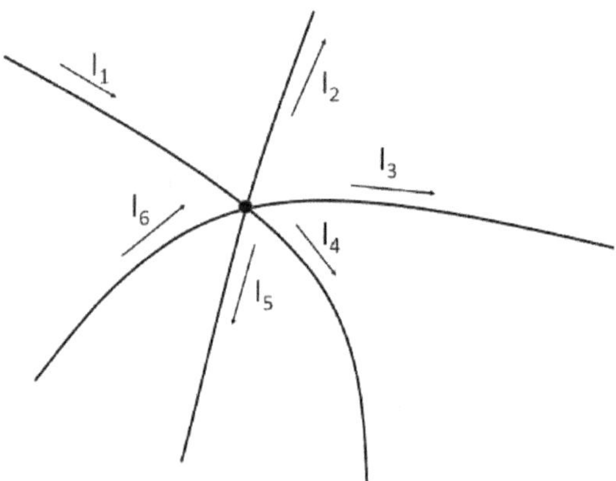

Figura 3-4. Nodo eléctrico

El proceso de análisis con el método de nodos implica los siguientes pasos:

1. Identificar los nodos del circuito y etiquetarlos con un número.
2. Seleccionar un nodo de referencia y asignarle un potencial de cero voltios.
3. Asignar voltajes a los demás nodos y definirlos en función del voltaje en el nodo de referencia.
4. Aplicar la ley de corrientes de Kirchhoff en cada nodo del circuito, lo que significa que la suma de las corrientes que entran y salen de cada nodo debe ser igual a cero. En la gráfica anterior, sería:

$$I_1 + I_6 = I_2 + I_3 + I_4 + I_5$$

5. Resolver las ecuaciones del paso anterior para encontrar las corrientes desconocidas en los componentes del circuito.

El método de nodos es particularmente útil para analizar circuitos eléctricos complejos y es una herramienta comúnmente utilizada en áreas de ingeniería relacionadas con la electricidad.

Método de mallas

Es una técnica de análisis de circuitos eléctricos que se utiliza para encontrar las corrientes en los diversos componentes del circuito. En este método, se analiza el contorno en términos de las corrientes que fluyen a través de las diferentes mallas del circuito, como puede apreciarse en la Figura 3-5.

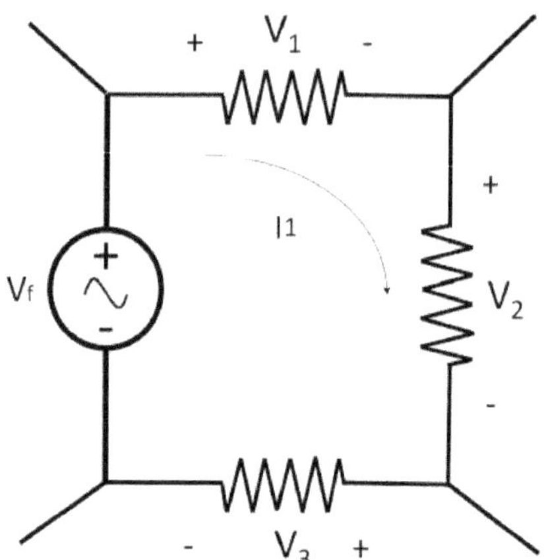

Figura 3-5. Malla eléctrica

El proceso de análisis del método de mallas implica los siguientes pasos:

1. Identificar las mallas del circuito y etiquetarlas con una letra. Una malla es un camino cerrado en el circuito que no contiene nodos interiores.
2. Asignar corrientes desconocidas a las diferentes mallas del circuito.
3. Aplicar la ley de voltajes de Kirchhoff a cada malla del circuito, lo que significa que la suma de las caídas de voltaje en cada malla debe ser igual a cero. En la gráfica anterior, sería:

$$V_f = V_1 + V_2 + V_3$$

4. Resolver las ecuaciones resultantes del paso anterior para encontrar los voltajes y luego las corrientes desconocidas en los componentes del circuito.

Es importante tener en cuenta que la ley de voltajes de

Kirchhoff se aplica solo a los elementos del circuito que forman parte de la malla.

Este método es particularmente útil para analizar circuitos eléctricos con múltiples fuentes de voltaje y corriente, así como circuitos con elementos no lineales.

Divisores de tensión y de corriente

Los divisores de tensión y corriente son herramientas útiles para controlar y ajustar la cantidad de tensión o corriente en un circuito, y su uso se extiende desde la electrónica básica hasta los sistemas más complejos de electrónica industrial y de comunicaciones.

En un circuito, el divisor de tensión divide la tensión de una fuente de tensión en una proporción determinada, utilizando resistencias en serie. Por su parte, un divisor de corriente es un circuito que se utiliza para dividir la corriente de una fuente de corriente en una proporción determinada. Es similar al divisor de tensión, pero en lugar de dividir la tensión, divide la corriente de entrada en dos o más ramas. Veámoslo con más detalle a coninuación:

Divisor de tensión

Se utiliza para dividir una tensión de entrada en dos o más tensiones más pequeñas. Consiste en una serie de resistencias conectadas en serie, entre la fuente de alimentación y la carga. La tensión de salida se toma de un punto en la cadena de resistencias. La relación entre la tensión de entrada y la tensión de salida se determina por la relación de los valores de resistencia en la cadena. Por ejemplo, si hay dos resistencias iguales en serie, la tensión de salida en el punto intermedio será la mitad de la tensión de entrada. En el circuito de la Figura 3-6, la tensión de salida del divisor de tensión se toma en el punto de conexión entre las dos resistencias.

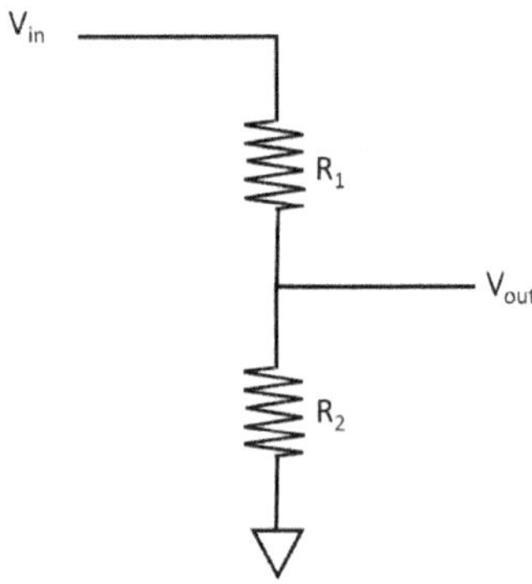

Figura 3-6. Divisor de tensión

La ecuación que describe la división de tensión en este caso, es:

$$V_{out} = V_{in} \left(\frac{R_2}{R_1 + R_2} \right)$$

Donde:

V_{out}, es la tensión de salida
V_{in}, es la tensión de entrada
R_1, es la resistencia conectada al terminal de entrada
R_2, es la resistencia conectada al terminal de salida

La relación entre las resistencias determina la proporción de división de tensión. Por ejemplo, si R1 es igual a R2, la tensión de salida será la mitad de la tensión de entrada. Si R2 es mucho menor que R1, la tensión de salida será una fracción más pequeña que la tensión de entrada.

Es importante tener en cuenta que un divisor de tensión consume energía, por lo que la corriente que fluye a través del circuito puede afectar su rendimiento. Además, la impedancia de entrada del circuito conectado a la salida del divisor de tensión, puede afectar la precisión de la tensión de salida. Por lo tanto, es importante tener en cuenta estos factores al diseñar y utilizar estos circuitos.

Divisor de corriente

Se utiliza para dividir una corriente de entrada en dos o más corrientes más pequeñas. Consiste en una serie de resistencias conectadas en paralelo, entre la fuente de alimentación y la carga. La corriente de salida se toma de un punto en la cadena de resistencias. La relación entre la corriente de entrada y la corriente de salida se determina por la relación de los valores de resistencia en la cadena. Por ejemplo, si hay dos resistencias iguales en paralelo, la corriente de salida en cada resistencia será la mitad de la corriente de entrada.

El circuito básico de un divisor de corriente, utiliza dos resistencias en paralelo conectadas en serie con la fuente de corriente. La corriente de entrada se divide en una proporción determinada, con una fracción de la corriente fluyendo a través de una resistencia, y el resto a través de la otra. La corriente total que fluye a través de ambas resistencias, es igual a la corriente de entrada, como se muestra en la Figura 3-7:

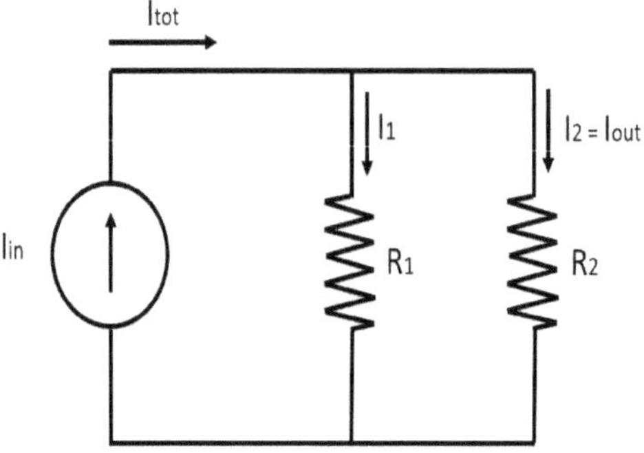

Figura 3-7. Divisor de corriente

La ecuación que describe la división de corriente, es:

$$I_1 = I_{in} \left(\frac{R_2}{R_1 + R_2} \right)$$

$$I_2 = I_{out} = I_{in} \left(\frac{R_1}{R_1 + R_2} \right)$$

Donde:

I_1 e $I_2 = I_{out}$, son las corrientes que fluyen a través de R_1 y R_2, respectivamente.
I_{in}, es la corriente de entrada.
R_1 y R_2, son las resistencias conectadas en paralelo.

La relación entre las resistencias determina la proporción de división de corriente. Por ejemplo, si R1 es igual a R2, la corriente se divide en partes iguales entre ambas ramas. Si R2 es mucho mayor que R1, la mayoría de la corriente fluirá a través de R1.

Como en el caso del divisor de tensión, un divisor de corriente consume energía y puede afectar la precisión de la corriente de salida, debido a la carga conectada. Por lo tanto, es importante tener en cuenta estos factores al diseñar y utilizar un divisor de corriente.

Transformaciones Δ a Y y Y a Δ

A veces, en la solución de circuitos, nos encontramos con combinaciones que no resultan tan fáciles de resolver a través de los métodos ya vistos de nodos y mallas. Algunos de esos casos son los que se denominan circuitos en estrella y en delta. También se pueden encontrar bajo la denominación T y π , o Y y Δ. En la Figura 3-8 se muestran ambas versiones.

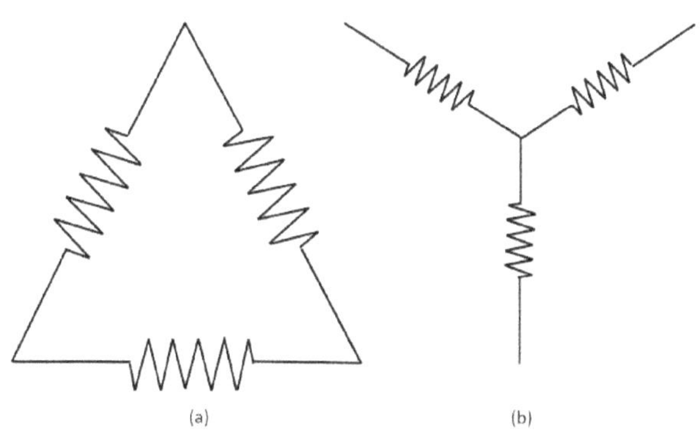

Figura 3-8. Circuito (a) en Δ y (b) en Y

En cualquier caso, una combinación Y siempre se podrá transformar a una Δ, lo mismo que una Δ siempre se podrá transformar a una Y. Ahora bien, la razón por la que este tipo de circuitos también reciben el nombre de T y π, es que, en la práctica de circuitos, es más normal que se parezcan a este tipo de formas, como puede apreciarse en la Figura 3-9.

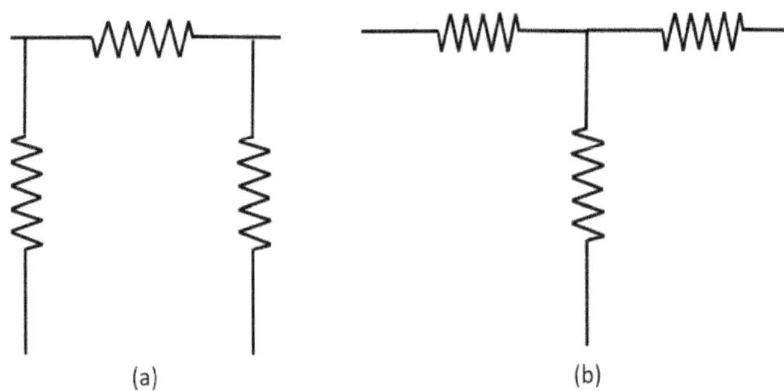

(a)   (b)

Figura 3-9. Circuito (a) en π y (b) en T

La conversión Y a Δ se utiliza comúnmente en la ingeniería eléctrica para conectar tres impedancias en un circuito. Si las impedancias están conectadas en una configuración Y, se puede convertir a una combinaión Δ utilizando la siguiente relación, con base en la Figura 3-10:

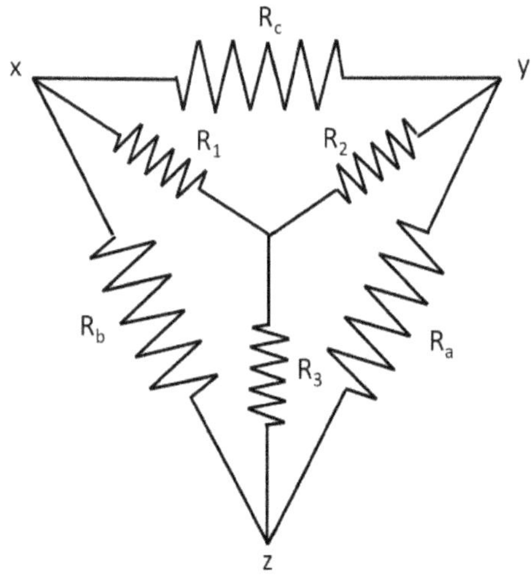

Figura 3-10. Transformación Y a Δ y Δ a Y

Transformación Δ a Y

Las ecuaciones para transformar una combinación Δ en una Y, serían:

$$R_1 = \frac{R_b R_c}{R_a + R_b + c}$$

$$R_2 = \frac{R_a R_c}{R_a + R_b + c}$$

$$R_3 = \frac{R_a R_b}{R_a + R_b + c}$$

Donde R_a, R_b y R_c son las impedancias de las ramas en la configuración Δ.

Transformación Y a Δ

Por otro lado, si las impedancias están conectadas en una configuración Y, esta combinación se puede convertir a una Δ, utilizando la siguiente relación, con base en la misma Figura 3-10:

Donde R_1, R_2 y R_3 son las impedancias de las ramas en la

$$R_a = \frac{R_1 R_2 + R_2 R_3 + R_3 R_1}{R_1}$$

$$R_b = \frac{R_1 R_2 + R_2 R_3 + R_3 R_1}{R_2}$$

$$R_c = \frac{R_1 R_2 + R_2 R_3 + R_3 R_1}{R_3}$$

configuración Y.

La transformación Y a Δ es útil en aplicaciones como la distribución de energía eléctrica y la electrónica de potencia (que veremos más adelante), donde es necesario conectar varias cargas en un circuito trifásico equilibrado.

Cuestionario de repaso

Seleccione la opción correcta:

1. ¿Cuáles son tres tipos de circuitos eléctricos?
   a. En serie, en paralelo y mixto
   b. En serie, en paralelo y combinado
   c. En serie, en paralelo y alterno

2. ¿Qué es un circuito en serie?
   a. Un circuito en el que todos los componentes están conectados en secuencia
   b. Un circuito en el que todos los componentes están conectados en paralelo
   c. Un circuito en el que todos los componentes están conectados de manera aleatoria

3. ¿Qué es un circuito en paralelo?
   a. Un circuito en el que todos los componentes están conectados en una línea
   b. Un circuito en el que todos los extremos iniciales de los componentes están conectados y a su vez todos los extremos finales de dichos componentes también están unidos.
   c. Un circuito en el que todos los componentes están conectados de manera aleatoria

4. ¿Qué es una impedancia?
   a. La oposición total que un circuito eléctrico presenta al flujo de corriente alterna
   b. La resistencia total en un circuito eléctrico
   c. Una medida de la cantidad de corriente que fluye por un circuito

5. ¿Qué es un circuito de corriente directa?
   a. Un circuito en el que la corriente es constante y fluye en una sola dirección
   b. Un circuito que contiene corriente variable
   c. Un circuito que contiene corriente alterna

6. ¿Qué es un circuito de corriente alterna?
   a. Un circuito que contiene corriente constante
   b. Un circuito en el que la corriente cambia peiódicamente de sentido
   c. Un circuito que contiene corriente directa

7. ¿Cómo no puede expresarse la ley de Ohm?
   a. $V = I/R$
   b. $I = V/R$
   c. $R = V/I$

8. ¿Cuáles son las leyes de Kirchhoff?
   a. La ley de voltajes de Kirchhoff y la ley de corrientes de Kirchhoff
   b. La ley de resistencia de Kirchhoff y la ley de capacitancia de Kirchhoff
   c. La ley de carga de Kirchhoff y la ley de campo eléctrico de Kirchhoff

9. ¿Qué es el análisis de circuitos?
   a. El proceso de determinar e interpretar el comportamiento de un circuito eléctrico
   b. El proceso de conectar componentes eléctricos en serie
   c. El proceso de conectar componentes eléctricos en paralelo

10. ¿Qué es el análisis de nodos?
    a. El proceso de determinar el voltaje en un nodo específico en un circuito
    b. El proceso de determinar las corrientes que entran y salen de un nodo específico en un circuito
    c. El proceso de determinar la resistencia en un nodo específico en un circuito

11. ¿Qué es el análisis de mallas?
    a. El proceso de determinar la inductancia en los componentes que conforman una malla específica en un circuito
    b. El proceso de determinar la corriente que circula por los componentes eléctricos en una malla específica en un circuito
    c. El proceso de determinar la resistencia en una malla en un circuito

Responda la pregunta:

12. ¿Qué es un circuito eléctrico?

13. En el circuito de la Figura 3-11, determine el valor de la corriente i_2, sabiendo que el i_1 =10A, i_3 = 3, i_4 = 4A, i_5 = 5A. ¿Qué puede concluir del resultado obtenido?

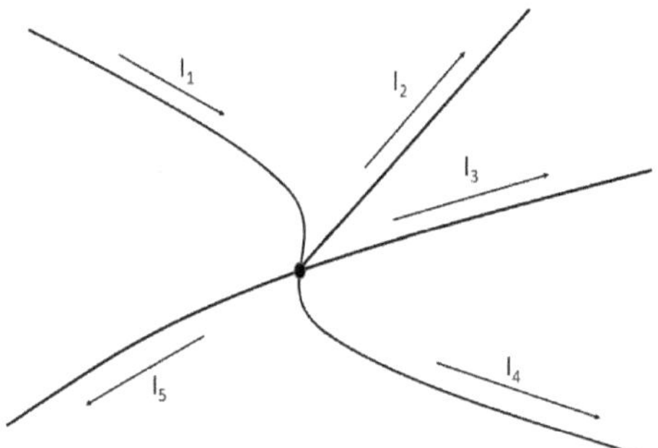

Figura 3-11. Circuito del ejercicio 3-13

14. En el circuito de la Figura 3-12, determine el valor del voltaje V_1, sabiendo que el V_f =12V, V_2 = 3V, V_3 = 4V, i_4 = 5V. ¿Qué puede concluir del resultado obtenido?

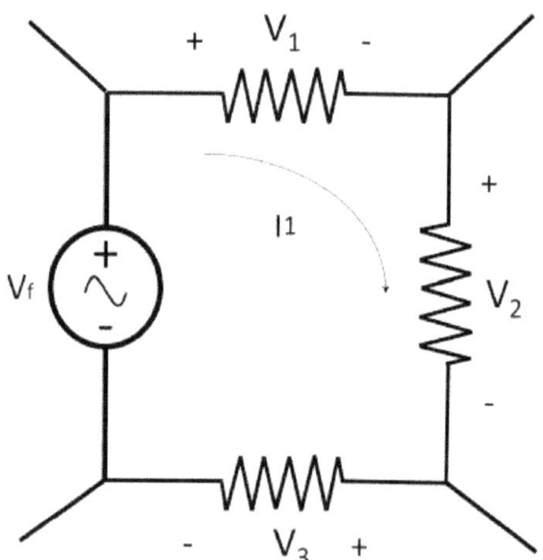

Figura 3-12. Circuito del ejercicio 3-14

15. En el circuito de la Figura 3-13, encuentre los valores de las impedancias Ra, Rb y Rc, sabiendo que en (a) R1 = 4 Ω, R2 = 5Ω y R3 = 8Ω.

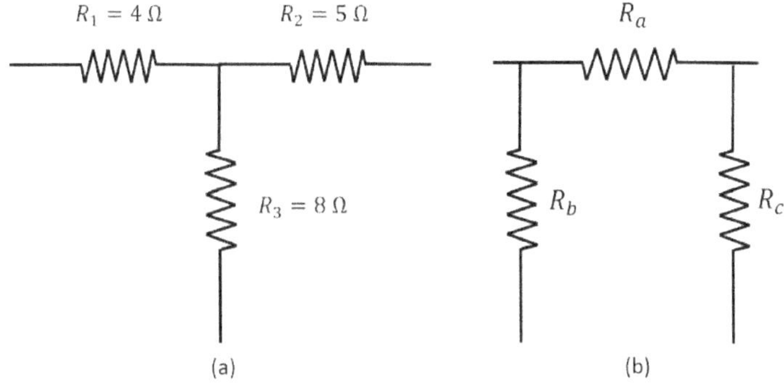

Figura 3-13. Circuito del ejercicio 3-15

16. En el circuito de la Figura 3-14, encuentre los valores de las impedancias Ra, Rb y Rc, sabiendo que en (a) R1 = 4 Ω, R2 = 5Ω y R3 = 8Ω.

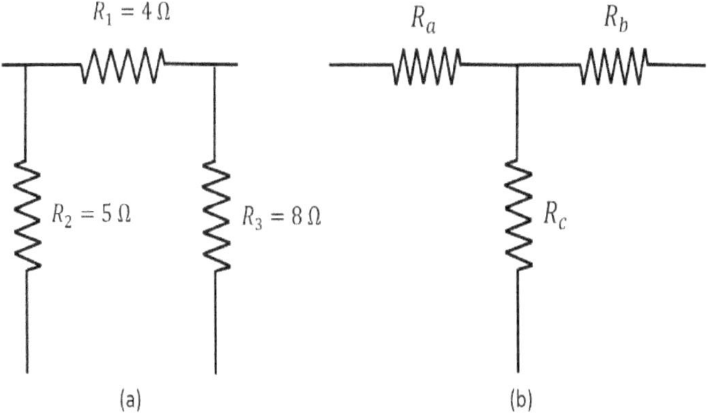

Figura 3-14. Circuito del ejercicio 3-16

4. COMPONENTES ELECTRÓNICOS

Introducción

La electrónica es una rama de la ingeniería que se enfoca en el diseño, desarrollo y aplicación de dispositivos y sistemas, que utilizan corrientes eléctricas y campos electromagnéticos para procesar, transmitir y almacenar información. Estos dispositivos y sistemas incluyen componentes que ya hemos visto, como resistencias, capacitores, inductores, además de otros más específicos, como diodos, transistores, circuitos integrados, entre muchos más.

La electrónica se utiliza en una gran variedad de aplicaciones, desde la de consumo, que incluye televisores, radios, computadores, teléfonos inteligentes y dispositivos de audio, hasta la industrial, médica, militar y aeroespacial. Y es que la tecnología electrónica ha revolucionado la manera en que nos comunicamos, trabajamos, nos divertimos y exploramos el mundo.

El diseño de sistemas electrónicos, por tanto, implica la comprensión de los principios fundamentales que rigen la electricidad, así como la capacidad para utilizar herramientas de diseño y software de simulación, para desarrollar y probar circuitos electrónicos.

Por otro lado, los ingenieros de esta rama de la ciencia también deben ser capaces de trabajar en equipo, ya que el diseño de sistemas electrónicos complejos, a menudo requiere la colaboración de expertos en diferentes disciplinas, como la mecánica, la informática y la ingeniería de software.

A continuación, ampliamos la lista de componentes que ya habíamos visto en el capítulo 2, teniendo en cuenta que la eléctrica y la electrónica son, ambas, ramas de especialización de la electricidad.

Potenciómetro

Un potenciómetro es un componente electrónico que se utiliza para controlar la resistencia eléctrica en un circuito. Consiste en un resistor ajustable, con un cursor móvil que se puede desplazar a lo largo de la resistencia, aumentando o disminuyendo su valor, como se muestra en la Figura 4-1, donde se pueden apreciar (a) la apariencia típica y (b) la representación de un potenciómetro.

Este dispositivo se utiliza comúnmente para cambiar el volumen en equipos de audio, como amplificadores y sistemas de sonido. También se puede utilizar para graduar la intensidad de la luz en lámparas, o para controlar la velocidad de un motor eléctrico.

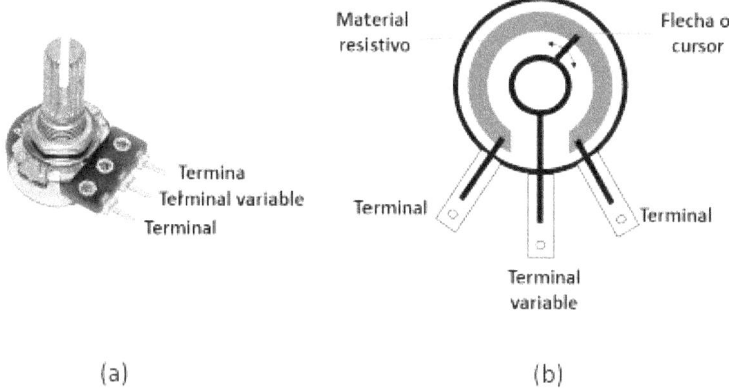

Figura 4-1 (a) apariencia típica y (b) símbolo de un potenciómetro

Los potenciómetros se clasifican según su tipo de resistencia, que puede ser lineal o logarítmica (o antilogarítmica). Los lineales tienen una resistencia que aumenta o disminuye de manera uniforme a medida que se desplaza el cursor, mientras que los logarítmicos (y antilogarítmicos) tienen una curva de resistencia que aumenta o disminuye de manera exponencial, como se muestra en la Figura 4-2.

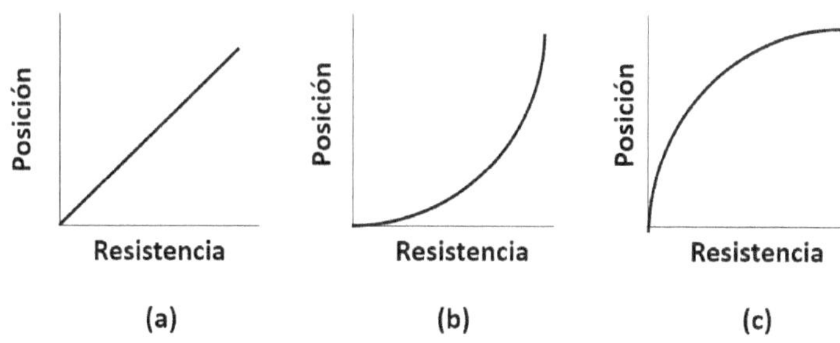

Figura 4-2 (a) curva lineal, (b) curva logarítmico, y (c) curva anti-logarítmica de potenciómetros

También pueden variar en su potencia nominal, que indica la cantidad de energía eléctrica que pueden disipar sin dañarse. Los potenciómetros más pequeños, como los de tipo *trimpot*, como el de la Figura 4-1 (a), tienen una potencia nominal baja, y se utilizan para ajustar pequeñas cantidades de corriente o voltaje en circuitos electrónicos. Los potenciómetros más grandes, como los de tipo panel, tienen una potencia nominal alta, y se utilizan en equipos de gran potencia, como los amplificadores de audio.

Diodo

Un diodo es un componente electrónico que permite el flujo de corriente eléctrica en una dirección, mientras bloquea la corriente en la dirección opuesta. Es un elemento fundamental en la electrónica, ya que se utiliza en una gran variedad de circuitos.

Está compuesto por un material semiconductor con propiedades eléctricas únicas, que lo hacen de gran utilidad en la electrónica. El material semiconductor, a su vez, está formado por dos capas, una tipo P y otra tipo N. Estas dos capas se unen en una zona llamada «unión PN». Por su parte, el diodo tiene dos terminales: el ánodo y el cátodo.

Cuando se aplica una tensión positiva a la capa tipo P, y una tensión negativa a la capa tipo N, se produce una corriente eléctrica a través de la unión PN, y el diodo permite el paso de la corriente. Por otro lado, cuando se invierte la polaridad de la tensión, el diodo bloquea la corriente eléctrica. Este actúa pues como un interruptor, que se abre y se cierra según la dirección de la corriente. Obsérvese la Figura 4-3.

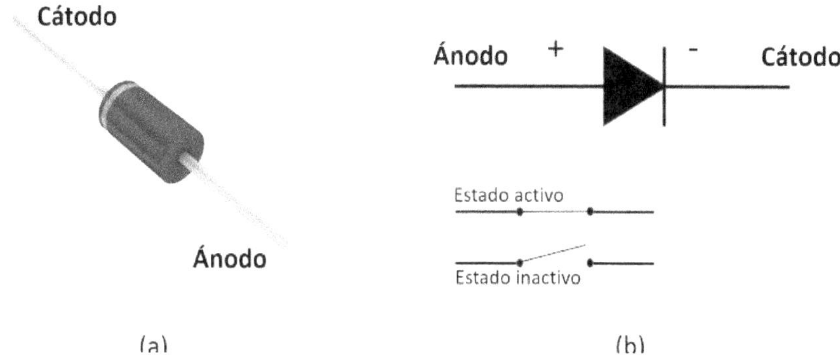

Figura 4-3 (a) apariencia típica y (b) símbolo de un diodo y comportamiento del diodo

Los diodos tienen una amplia variedad de aplicaciones en la electrónica, como rectificadores de corriente, protección contra polaridad inversa, detección de señales, modulación de señales y generación de luz en dispositivos como los LEDs. También existen diodos especiales, como los diodos Zener, que tienen una característica de voltaje inverso controlado, y los diodos Schottky, que tienen una caída de voltaje menor que los diodos convencionales.

Los voltajes de 0,3 V y 0,7 V son valores típicos de la caída de voltaje directo de un diodo. Estos valores pueden variar dependiendo del tipo de diodo, del material semiconductor utilizado y de la corriente que circula a través del diodo.

En el caso del valor de 0,3 V, este es típico en diodos de germanio y diodos Schottky. Mientras que el valor de 0,7 V es típico en diodos de silicio y la mayoría de los diodos rectificadores.

Es importante mencionar que estos valores no son exactos y pueden variar en un rango, por lo que se utilizan como referencia para el diseño y cálculo de circuitos electrónicos que contienen diodos. Además, los valores de voltaje de los diodos también pueden variar con la temperatura, la corriente y otros factores externos, lo que se debe tener en cuenta al diseñar circuitos que contengan este tipo de dispositivos.

Diodo rectificador

La aplicación más típica de un diodo es como rectificador. En este caso, cuando se aplica una diferencia de potencial positiva en el ánodo, y una diferencia de potencial negativa en el cátodo, el diodo rectificador se polariza en directa y permite el flujo de corriente a través de él. Sin embargo, cuando se invierte la polaridad y se aplica una diferencia de potencial positiva en el cátodo y una diferencia de potencial negativa en el ánodo, el diodo se polariza en inversa y bloquea el flujo de la corriente eléctrica.

Rectificador de media onda

Con una corriente alterna alimentando el circuito, este permite el flujo de corriente en una dirección (positiva) y bloquea el flujo en la dirección opuesta (negativa), convirtiendo la salida sobre la resistencia en una corriente directa, pero solo cada media fase, como se muestra en la Figura 4-4.

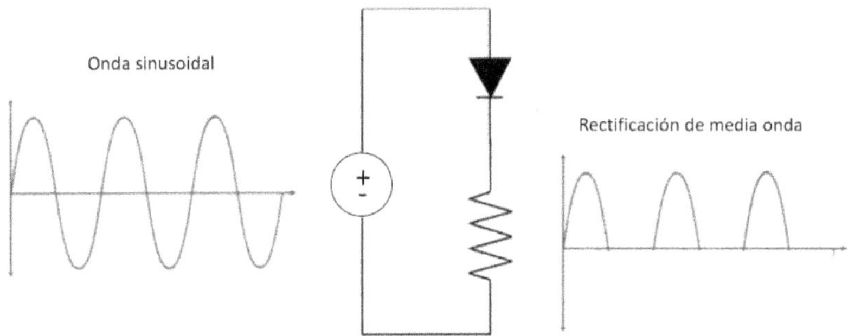

Figura 4-4. Circuito rectificador de media onda

Rectificador de onda completa

El diodo rectificador de onda completa utiliza ambos ciclos de la corriente alterna, para producir una corriente directa más suave, como la que se muestra en la Figura 4-5.

Los diodos rectificadores se utilizan en una amplia variedad de aplicaciones, desde fuentes de alimentación de equipos electrónicos hasta cargadores de baterías y circuitos de control de motores. La elección del tipo de diodo rectificador depende de la aplicación específica y de las características eléctricas requeridas.

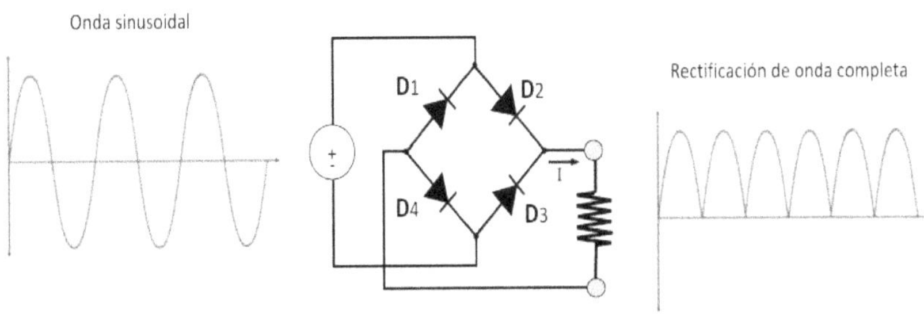

Figura 4-5. Circuito rectificador de onda completa

Diodo detector

Un diodo detector (o de baja señal) es un dispositivo semiconductor que se utiliza para convertir señales de radiofrecuencia (RF) en señales de corriente directa (CD), que se pueden medir o amplificar. En la Figura 4-6 puede apreciarse la apariencia de un diodo deetector o de baja señal.

El diodo detector funciona en una configuración de polarización inversa y se basa en las propiedades no lineales del diodo para rectificar la señal de entrada.

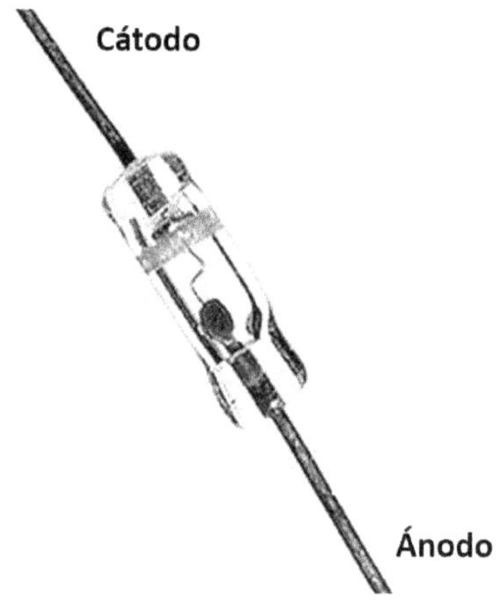

Figura 4-6. Apariencia de un diodo detector o de baja señal

Cuando una señal de RF se aplica al diodo detector en polarización inversa, la corriente a través del él varía de acuerdo con la amplitud de la señal de entrada. El diodo permite que fluya la corriente en una sola dirección, por lo que la señal de entrada se rectifica y se convierte en una señal de corriente directa.

Los diodos detectores se utilizan en receptores de radio, televisión y sistemas de comunicaciones inalámbricas. También en circuitos de detección de señales en instrumentos de medición, equipos de prueba y sistemas de control de procesos.

Pueden estar hechos de varios materiales, como germanio, silicio y arseniuro de galio. La elección del material depende de la aplicación y de las características de la señal de entrada. Los diodos de germanio tienen una respuesta de alta velocidad y se utilizan en aplicaciones de detección de alta frecuencia, mientras que los diodos de silicio son más comunes, debido a su menor costo y facilidad de fabricación.

Diodo Zener

El diodo Zener es un tipo especial de diodo que se utiliza en aplicaciones de regulación de voltaje y protección de circuitos electrónicos contra sobretensiones. Se caracteriza por tener una caída de voltaje constante y predecible, independiente de la corriente que lo atraviesa, y por su capacidad de operar en polarización inversa en un punto específico de voltaje llamado voltaje Zener. En la Figura 4-7 se muestra el símbolo de este componente.

Cuando se polariza inversamente, su voltaje de ruptura Zener hace que el diodo empiece a conducir corriente en una dirección opuesta a la corriente normal de polarización directa. Este efecto permite que el diodo Zener se utilice como un regulador de voltaje, manteniendo una tensión constante en el circuito a pesar de las variaciones de corriente y voltaje. El diodo Zener también se utiliza como protección contra sobretensiones en circuitos electrónicos, ya que una vez que se alcanza el voltaje Zener, la corriente comienza a fluir y protege los componentes de circuitos sensibles contra daños.

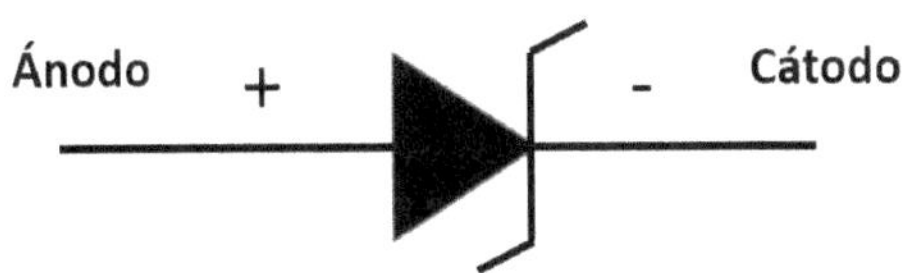

Figura 4-7. Símbolo del diodo Zener

El diodo Zener se utiliza en una amplia variedad de aplicaciones electrónicas, como fuentes de alimentación, reguladores de voltaje, amplificadores, osciladores, y en la limitación de corriente en circuitos de protección.

Hay varios tipos de diodos Zener disponibles, cada uno con un voltaje Zener específico y una capacidad de manejo de potencia diferente. Los de bajo voltaje se utilizan en aplicaciones de regulación de voltaje de baja potencia, mientras que los de alta potencia se utilizan en aplicaciones de alta potencia.

Diodo de señal

El diodo de señal es un tipo común de diodo que se utiliza en aplicaciones de baja potencia, como en circuitos de radiofrecuencia, televisores y otros equipos de comunicación. Está diseñado para tener un tiempo de recuperación más rápido y una capacidad de conmutación más precisa que otros tipos de diodos, también se caracteriza por su baja capacidad de almacenamiento de carga.

Es un dispositivo que tiene una construcción similar a la del diodo común, con un ánodo y un cátodo, y se polariza en directa para permitir el flujo de corriente en una sola dirección.

El diodo de señal se utiliza en circuitos de rectificación y en aplicaciones de modulación, demodulación y mezcla de frecuencias en sistemas de comunicación. También se utiliza en aplicaciones de protección de sobretensión en circuitos electrónicos, donde su capacidad de conmutación rápida puede proteger los componentes sensibles contra sobretensiones.

Hay varios tipos de diodos de señal disponibles, como el diodo Schottky y el diodo PIN, que tienen diferentes características y aplicaciones.

Diodo Schottky

El diodo Schottky, también conocido como diodo de barrera de potencial, es un tipo de dispositivo semiconductor, que se utiliza para rectificar señales de corriente alterna (AC) a corriente directa (CD). A diferencia de los diodos convencionales, que están construidos con una unión PN, los diodos Schottky están hechos de un material semiconductor de tipo N, y un metal, por lo que forman una unión metal-semiconductor. En la Figura 4-8 se muestra el símbolo de un diodo Schottky.

La principal ventaja de los diodos Schottky es su baja caída de voltaje directo, la cual se debe a la unión metal-semiconductor, que tiene una barrera de potencial inferior a la de la unión PN convencional. Esto resulta a su vez en una menor disipación de energía y una mayor eficiencia en la rectificación de señales de corriente alterna.

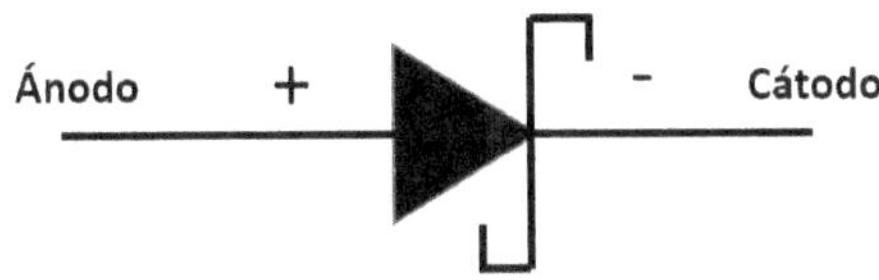

Figura 4-8. Símbolo de un diodo Schotky

Otra ventaja de estos diodos es su velocidad de conmutación. Debido a la falta de una región de carga en la unión metal-semiconductor, su respuesta a las señales de entrada es más rápida que la de los diodos PN convencionales. Esto los hace ideales para aplicaciones de alta frecuencia, como circuitos de conmutación y rectificación de señales de radiofrecuencia.

Sin embargo, los diodos Schottky también tienen algunas limitaciones. Por ejemplo, la unión metal-semiconductor puede ser vulnerable a daños por altas temperaturas y corrientes elevadas, lo que puede resultar en una degradación de la vida útil y la fiabilidad del dispositivo. Además, al ser su caída de voltaje inversa mayor que la de los diodos PN, no es la mejor alternativa para aplicaciones de protección contra sobretensiones.

Diodo PIN

El diodo PIN es un tipo de dispositivo semiconductor que se utiliza comúnmente en aplicaciones de alta frecuencia y comunicaciones, como amplificadores de radiofrecuencia, detectores de señal y moduladores. A diferencia de los diodos convencionales, que tienen una unión PN, los diodos PIN están construidos con una región intrínseca de semiconductor tipo P o N entre las regiones dopadas de tipo P y N. En la Figura 4-9 se muestra el símbolo de un diodo PIN.

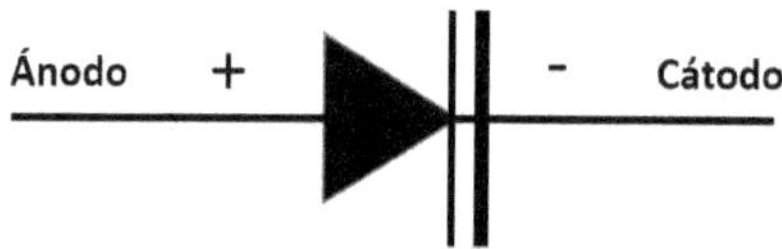

Figura 4-9. Símbolo de un diodo PIN

La región intrínseca en el centro del diodo PIN actúa como una región de carga que permite el paso de portadores de carga a través del dispositivo de manera más eficiente. Esto da como resultado una mayor sensibilidad y una menor capacitancia parasitaria, lo que permite al diodo PIN operar a frecuencias más altas que los diodos comunes.

Otra de sus ventajas es su baja resistencia de impedancia directa y su alta resistencia de impedancia inversa. Debido a la gran área de la región intrínseca, la resistencia de impedancia directa es baja, lo que permite una menor pérdida de energía y una mayor eficiencia en la transmisión de señales de alta frecuencia. La alta resistencia de impedancia inversa también significa que el diodo PIN puede soportar voltajes inversos más altos que los diodos convencionales. Además, los diodos PIN tienen una respuesta de frecuencia más lineal y una mayor sensibilidad que los diodos comunes. Esto se debe a que la región intrínseca permite una mayor captación de señales débiles y una mayor reducción de la distorsión armónica, lo que hace que sean ideales para aplicaciones de alta calidad de señal, como en sistemas de comunicaciones de alta velocidad.

Diodo Emisor de Luz (LED)

Los Diodos Emisores de Luz (LED, por sus siglas en inglés, *Light Emitting Diode*) son dispositivos semiconductores que emiten luz cuando se aplica sobre ellos una corriente eléctrica. En la Figura 4-10 se aprecia el aspecto físico de los diodos LED:

Figura 4-10. Apariencia física de los diodos LED

Se utilizan ampliamente como fuente de luz en una variedad de aplicaciones, desde pantallas de televisores y teléfonos móviles, hasta señalización de tráfico y lámparas de iluminación en hogares y edificios. También se utilizan en aplicaciones de señalización y seguridad, como en las luces de freno y los indicadores de dirección en los automóviles. En la Figura 4-11 se muestra el símbolo de un diodo LED.

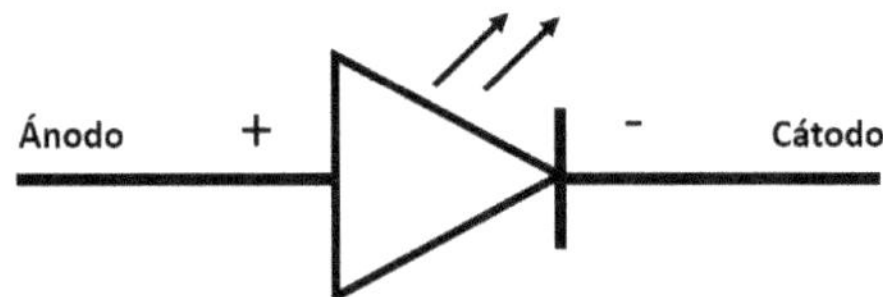

Figura 4-11. Símbolo de un diodo LED

Se componen de una capa de material semiconductor que se sitúa entre dos terminales. Cuando se aplica una corriente eléctrica a través del LED, los electrones en la capa semiconductor se recombinan con los huecos de electrones (vacantes) en la misma capa, liberando energía en forma de luz. El color de la luz emitida por el dispositivo depende del material semiconductor utilizado en la capa activa.

En la explicación anterior, los «huecos» hacen referencia a las regiones donde los átomos del material semiconductor tienen una deficiencia de electrones, lo que resulta en una falta de carga negativa en esa región. Los huecos se comportan como cargas positivas, por lo que pueden combinarse con electrones para formar una pareja electrón-hueco, que permite que la corriente fluya a través del material semiconductor.

Los LED tienen varias ventajas sobre otras fuentes de luz, como las bombillas incandescentes y las lámparas fluorescentes. Algunas de las ventajas del Diodo Emisor de Luz, incluyen:

1. **Eficiencia energética**: son más eficientes en la conversión de energía eléctrica en luz, que las bombillas incandescentes y las lámparas fluorescentes, lo que significa que consumen menos energía eléctrica y son más económicos.

2. **Durabilidad**: tienen una vida útil mucho más larga que las bombillas incandescentes y las lámparas fluorescentes, lo que significa que requieren menos mantenimiento y reemplazo.

3. **Tamaño y diseño**: son muy pequeños y se pueden fabricar en una variedad de formas y tamaños, lo que los hace adecuados para su uso en una amplia gama de aplicaciones.

4. **Calidad de la luz**: emiten una luz más brillante y uniforme que las bombillas incandescentes y las lámparas fluorescentes, y se pueden ajustar para producir diferentes tonos y colores de luz.

Diodo Emisor de Luz infrarroja

Un diodo emisor de luz infrarroja, o LED infrarrojo, es un dispositivo electrónico que emite luz en el rango del espectro infrarrojo, es decir, con longitudes de onda más largas que la luz visible. En la Figura 4-12 se aprecia el símbolo de un diodo LED infrarrojo, obsérvese que es el mismo que el de un diodo LED convencional:

Los LED infrarrojos se basan en el mismo principio que los LED convencionales, pero en lugar de emitir luz visible emiten luz infrarroja. Estos diodos están hechos de materiales semiconductores, como el arseniuro de galio y el silicio dopado con germanio, que tienen una banda de energía adecuada para producir la emisión de fotones en el rango infrarrojo.

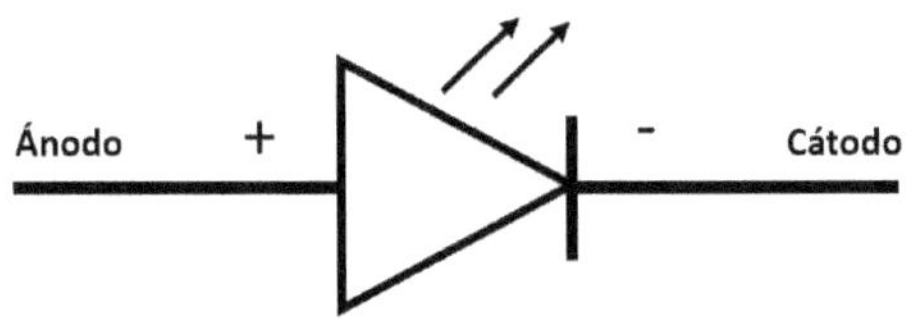

Figura 4-12. Símbolo de un diodo LED infrarrojo

El proceso de emisión de luz en un LED infrarrojo es similar al de un LED convencional. Cuando se aplica una tensión a través del diodo, los electrones se mueven desde la región tipo N hacia la región tipo P del diodo, donde se combinan con los huecos (espacios sin electrones, como ya mencionamos). Esta recombinación de electrones y huecos libera energía en forma de fotones de luz infrarroja.

Los LED infrarrojos se utilizan en muchas aplicaciones de control remoto, como los sistemas de televisión y los reproductores de DVD, para transmitir señales infrarrojas a un receptor que se encuentra en el dispositivo que se desea controlar. También se utilizan en sensores de movimiento y en sistemas de seguridad, donde se detecta la presencia de personas u objetos utilizando la reflexión de la luz infrarroja. Además, se utilizan en equipos de comunicaciones ópticas, así como redes, para transmitir señales de información a través de cables de fibra óptica.

Fotodiodos

Un fotodiodo es un dispositivo semiconductor que convierte luz en corriente eléctrica. Es un tipo de diodo que se utiliza en aplicaciones de detección de luz, como en cámaras digitales, sensores de movimiento, sistemas de seguridad y equipos de telecomunicaciones. En la Figura 4-13 se aprecia el símbolo de un fotodiodo:

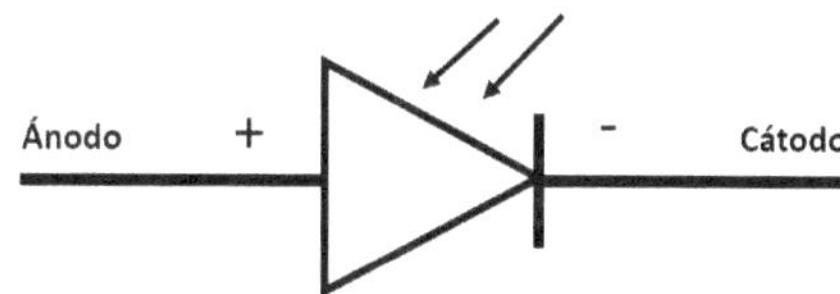

Figura 4-13. Símbolo de un fotodiodo

El funcionamiento de un fotodiodo es similar al de un diodo convencional, pero en lugar de dejar pasar la corriente en una sola dirección, los fotodiodos generan una corriente eléctrica cuando la luz incide sobre su superficie. La energía de los fotones de luz se transfiere a los electrones de la capa semiconductor, lo que crea pares electrón-hueco en la región de la unión PN del fotodiodo. Estos pares se separan bajo la acción del campo eléctrico interno del dispositivo, lo que produce a su vez una corriente eléctrica que fluye por este.

Los fotodiodos se fabrican utilizando materiales semiconductores, como el silicio y el germanio, y pueden ser de diferentes tipos, como fotodiodos de avalancha y fotodiodos de pasivación de superficie. Los fotodiodos de avalancha son más sensibles a la luz y tienen una ganancia interna, lo que significa que una pequeña cantidad de luz puede producir una gran corriente. Los fotodiodos de pasivación de superficie, por otro lado, tienen una mayor eficiencia y menor ruido, lo que los hace ideales para aplicaciones de alta sensibilidad.

Los fotodiodos se utilizan en una amplia gama de aplicaciones, desde la detección de luz en cámaras digitales hasta la medición de la intensidad de la luz en sistemas de automatización industrial. También se utilizan en equipos de telecomunicaciones para la recepción de señales ópticas en fibras ópticas.

Interruptor

Un interruptor es un componente electrónico que se utiliza para abrir o cerrar un circuito eléctrico, controlando así el flujo de corriente que pasa o deja de pasar por parte o por todo el circuito, haciendo que funcione o deje de hacerlo.

Existen varios tipos de interruptores, que se clasifican según su diseño y función. Algunos de los más comunes, se muestran en la Figura 4-14:

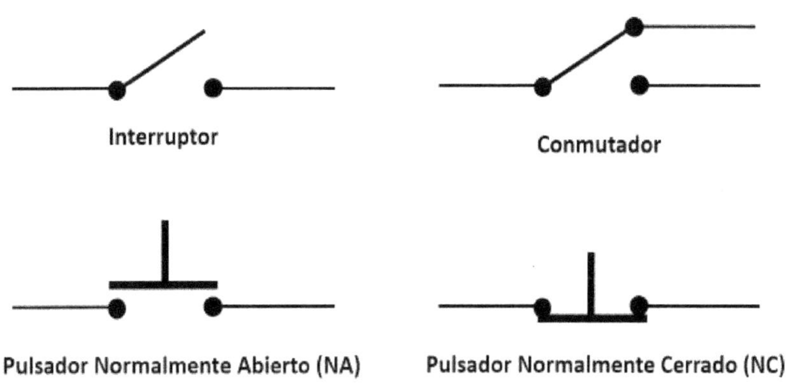

Figura 4-14. Tipos de interruptores

Los interruptores se utilizan en una amplia variedad de aplicaciones, desde pequeños dispositivos electrónicos hasta sistemas eléctricos de gran escala. Algunas de las aplicaciones más comunes incluyen el control de la iluminación, la activación de motores y la apertura y cierre de puertas y ventanas eléctricas.

Fusible

Los fusibles son dispositivos de protección que se utilizan para interrumpir el flujo de corriente eléctrica en un circuito, cuando la corriente supera un nivel seguro. Estos dispositivos se componen de un conductor metálico (filamento) que se coloca en serie con el circuito que se desea proteger. Cuando la corriente en el circuito supera un nivel seguro, el conductor se calienta y se funde, interrumpiendo el flujo de corriente y protegiendo el circuito de posibles daños.En la Figura 4-15 se puede apreciar la apariencia de un fusible electrónico.

Figura 4-15. Fusible

Los fusibles se utilizan en una amplia gama de aplicaciones, desde dispositivos electrónicos hasta sistemas eléctricos de gran envergadura. Por ejemplo, los fusibles pueden encontrarse en los enchufes eléctricos de los hogares para proteger los electrodomésticos de posibles sobrecargas eléctricas. También se utilizan en los sistemas de protección de los motores eléctricos y en los circuitos de iluminación de las residencias y los automóviles.

Existen diferentes tipos de fusibles que se adaptan a las necesidades específicas de cada aplicación. Los mismos pueden clasificarse según su capacidad de corriente, la velocidad de respuesta, la tensión nominal, el tipo de carcasa, entre otros factores. Además, algunos sistemas de fusibles pueden ser reemplazables, mientras que otros se diseñan para que se rompan de forma irreversible y todo el sistema deba ser cambiado por uno nuevo.

Transistor

El término «transistor» se refiere a un dispositivo semiconductor que se utiliza para controlar el flujo de corriente eléctrica en un circuito. Hay varios tipos de transistores, incluyendo el transistor bipolar y el transistor de efecto de campo (FET). En la Figura 4-16 se pueden ver estos dos tipos de transistores.

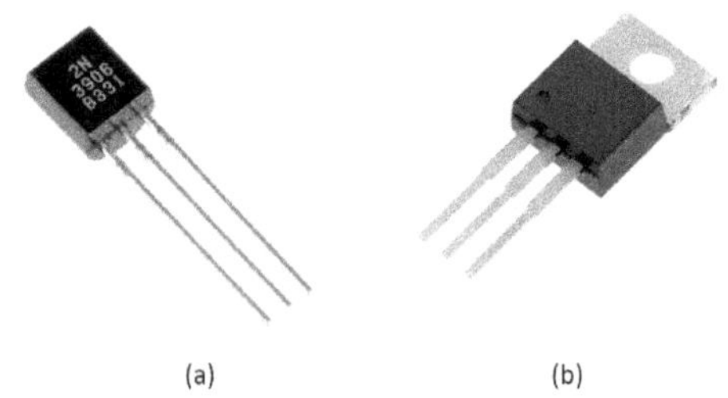

Figura 4-16. Transistores (a) Bipolar, (b) FET

Transistor bipolar

El transistor bipolar se utiliza comúnmente en la electrónica como amplificador de señal, interruptor y como elemento clave en la construcción de circuitos integrados. Se compone de tres regiones de semiconductor tipo P y N, conocidas como emisor (E), base (B) y colector (C), que se unen para formar dos uniones PN. De esta forma, se pueden encontrar transistores del tipo NPN y del tipo PNP. En la Figura 4-17 se muestran los símbolos de estos dos tipos de transistores.

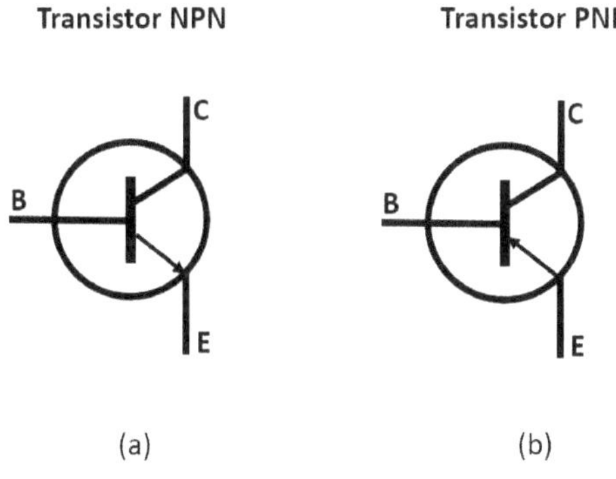

Figura 4-17. Símbolo de un transistor (a) Tipo NPN y (b) tipo PNP

El principio de funcionamiento del transistor bipolar se basa en la capacidad de la base para controlar el flujo de corriente del emisor hacia el colector. Cuando se aplica una corriente a la base, se produce un flujo de corriente entre el emisor y el colector. La cantidad de corriente que fluye está determinada por la cantidad de corriente que se aplica a la base.

Ahora bien, cuando se aplica una pequeña corriente a la base, el transistor puede amplificar la corriente que fluye a través del colector. Esto lo hace ideal para su uso en aplicaciones de amplificación de señal, como en amplificadores de audio y en circuitos de radiofrecuencia.

El transistor también se utiliza como interruptor. En este caso, se aplica una corriente a la base para encender el transistor y permitir que la corriente fluya a través del colector. Al retirar la corriente de la base, el dispositivo se apaga y deja de permitir que fluya corriente a través del colector. Esto lo hace ideal para su uso en aplicaciones de conmutación, como en circuitos de control de motores y luces.

También se utiliza en la construcción de circuitos integrados. Estos se componen de muchos elementos electrónicos, incluyendo transistores, que se han miniaturizado y se han colocado en un chip de silicio. Esto permite la construcción de circuitos electrónicos complejos en un espacio muy reducido, lo que hace que los circuitos integrados sean ideales para su uso en dispositivos electrónicos portátiles y computadores.

Los transistores bipolares son más antiguos que los transistores de efecto de campo (FET), pero siguen siendo importantes en muchos circuitos electrónicos, debido a sus propiedades de amplificación y conmutación de alta velocidad.

Transistor de efecto de campo (FET)

El Transistor de Efecto de Campo (FET, por sus siglas en inglés, *Field Effect Transistor*) es un componente semiconductor utilizado comúnmente en la electrónica para amplificar señales, conmutar circuitos y como elemento clave en la construcción de circuitos integrados. El FET funciona por el control de la corriente a través de un canal conductor de semiconductor, por medio de un campo eléctrico generado por una compuerta aislada.

Existen dos tipos principales de FET: el FET de canal N y el FET de canal P. Ambos tipos tienen una estructura similar que consta de una fuente (S), un drenador (D) y una compuerta (G). La diferencia es que el FET de canal N tiene una región de semiconductor tipo N que actúa como canal conductor, mientras que el FET de canal P tiene una región de semiconductor tipo P. En la Figura 4-18 se muestran los símbolos de dos transistores FET, en (a) de canal N, y en (b) de canal P.

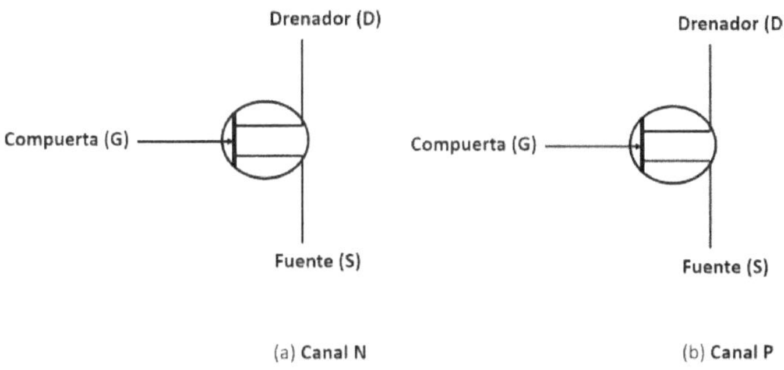

Figura 4-18. Símbolo de un transistor FET (a) Canal N y (b) Canal P

Cuando se aplica un voltaje a la compuerta, se genera un campo eléctrico que modula la conductividad del canal conductor. Si la tensión de la compuerta es positiva en comparación con la fuente (en el caso del FET de canal N), se atraen cargas negativas al canal conductor, lo que aumenta la conductividad y permite que fluya más corriente entre el drenador y la fuente. Si la tensión de la puerta es negativa, se repelen cargas negativas del canal conductor, lo que disminuye la conductividad y reduce la cantidad de corriente que fluye entre el drenador y la fuente.

El FET tiene varias ventajas sobre otros dispositivos electrónicos, como el transistor bipolar, ya que tiene una resistencia de entrada muy alta, lo que significa que una corriente muy pequeña es suficiente para controlar la corriente a través del dispositivo. Además, tiene una alta impedancia de entrada, lo que hace que sea sensible a señales muy pequeñas y lo hace adecuado para aplicaciones de amplificación de señales de bajo nivel. Por último, el dispositivo tiene una distorsión armónica baja, lo que significa que introduce muy poca distorsión a la señal de entrada, haciéndolo adecuado para aplicaciones de alta fidelidad.

Diferencias entre el transistor bipolar y el transistor FET

La principal diferencia entre un transistor bipolar y un transistor de efecto de campo es el mecanismo por el cual se controla el flujo de corriente. Veamos:

En un transistor bipolar, la corriente se controla mediante la corriente que se aplica a la base del transistor. Esto hace que los transistores bipolares sean relativamente rápidos, pero menos eficientes en el manejo de la energía. En cambio, en un transistor FET, la corriente se controla mediante un campo eléctrico generado por una tensión aplicada al terminal de control, el gateway o compuerta. Debido a esto, los FET tienen una impedancia de entrada muy alta, lo que significa que requieren muy poca corriente de entrada para funcionar, lo que los hace a su vez más eficientes en términos de consumo de energía.

Otra diferencia importante es que los transistores bipolares pueden tener una ganancia de corriente muy alta, mientras que los transistores FET tienen una ganancia de corriente mucho menor. Esto hace que los transistores bipolares sean más adecuados para aplicaciones que requieren alta ganancia, como en amplificadores, mientras que los FET son más adecuados para aplicaciones que requieren alta impedancia de entrada, como en amplificadores de instrumentación y sensores.

Fototransistor

Es un tipo de transistor que se activa mediante la luz. Está diseñado para detectarla y convertirla en una señal eléctrica. Consta de un transistor convencional, con una ventana transparente en la región del colector, para permitir que la luz alcance la unión colector-base. En la Figura 4-19 pueden apreciarse los símbolos de uso más común para los fototransistores NPN y PNP.

Cuando la luz incide en la ventana del colector, la cantidad de corriente que fluye a través del transistor aumenta, lo que produce una señal eléctrica. El fototransistor es esencialmente un interruptor, que se activa por la presencia de luz en la ventana del colector.

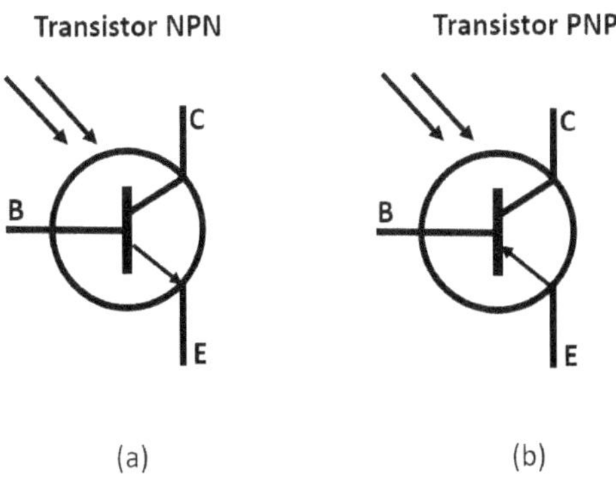

Figura 4-19. Símbolo de un fototransistor (a) Tipo NPN y (b) tipo PNP

Se utiliza comúnmente en aplicaciones de detección de luz, como sensores ambientales y controles remotos infrarrojos. También en aplicaciones de comunicaciones, como la transmisión de señales de televisión a través de fibra óptica.

Una de sus ventajas es su alta sensibilidad. Como resultado, puede detectar niveles muy bajos de luz y convertirlos en señales eléctricas útiles. Además, es más rápido que otros dispositivos similares, como los fotodiodos, lo que lo hace un componente adecuado para aplicaciones de alta velocidad.

Sensor

Los sensores son dispositivos que se utilizan para detectar, medir y convertir magnitudes físicas en señales eléctricas. Estas magnitudes pueden ser de diferentes tipos, como temperatura, presión, luz, humedad, movimiento, entre otras.

Se utilizan en una amplia variedad de aplicaciones, desde la industria automotriz y aeroespacial hasta la medicina, la agricultura, la seguridad y el hogar inteligente. Algunos ejemplos de sensores comunes, incluyen:

1. **Sensor de temperatura**: se utiliza para medir la temperatura de un objeto o ambiente y convertirla en una señal eléctrica.

2. **Sensor de presión**: se utiliza para medir la presión en un sistema o ambiente y convertirla en una señal eléctrica.

3. **Sensor de luz**: se utiliza para medir la cantidad de luz en un ambiente o para detectar la presencia o ausencia de luz.

4. **Sensor de movimiento**: se utiliza para detectar el movimiento de personas, animales u objetos en un ambiente.

5. **Sensor de humedad**: se utiliza para medir la cantidad de humedad en un ambiente o en un objeto.

6. **Sensor de gas**: se utiliza para detectar la presencia de gases peligrosos o tóxicos en el aire.

Los sensores pueden ser análogos o digitales, y su funcionamiento depende del tipo de magnitud que miden. Algunos pueden ser inalámbricos, lo que significa que pueden enviar datos, sin nevcesidad de cableado físico, a otros dispositivos, para su análisis y procesamiento.

Microcontrolador

Los microcontroladores son dispositivos electrónicos que integran en un solo chip un microprocesador, memoria y periféricos de entrada/salida. Son muy utilizados en la industria electrónica para el control y la automatización de sistemas, y en aplicaciones de electrónica de consumo, como electrodomésticos, juguetes y dispositivos móviles.

El microprocesador es el componente principal de un microcontrolador, y se encarga de procesar las instrucciones del programa almacenado en la memoria. Esta puede ser de dos tipos: de solo lectura (ROM) o de lectura/escritura (RAM). La ROM se utiliza para almacenar el programa y los datos que no cambian, mientras que la memoria RAM se utiliza para almacenar los datos que sí cambian. En la Figura 4-20 se muestran, en (a) el aspecto físico típico que presenta un microprocesador, y en (b) la arquitectura interna de un microcontrolador: si bien parece sencilla, los componentes que interactúan son la base de toda la tecnología digital que hoy conocemos y usamos.

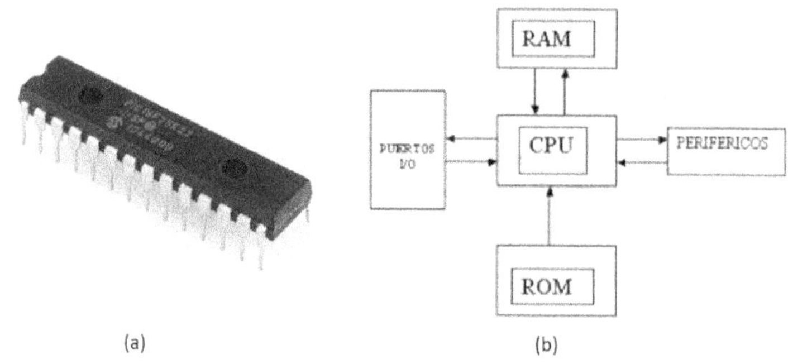

Figura 4-20 (a) aspecto físico, y (b) arquitectura de un microcontrolador

Los periféricos de entrada/salida son los componentes que permiten la comunicación del microcontrolador con el mundo exterior. Entre ellos se encuentran los puertos de entrada/salida, que permiten la conexión de sensores y actuadores externos, y los convertidores análogos a digitales (ADC) y digitales a análogos (DAC), que permiten la conversión de señales análogas a digitales y viceversa.

Los microcontroladores se programan mediante lenguajes de programación de alto nivel, como C y C++, o mediante lenguajes específicos, como el ensamblador. Los programas se pueden cargar en el microcontrolador mediante interfaces de programación, que permiten la conexión del microcontrolador a un computador.

Convertidores de señal

Un convertidor de señal es un dispositivo que convierte una señal de un formato a otro. El objetivo de un elemento de este tipo, es permitir la interoperabilidad entre componentes o sistemas que utilizan diferentes formatos de señal.

Algunos de los convertidores de señal más comunes, incluyen:

1. **Convertidores análogo a digital (ADC):** convierten una señal análoga en una señal digital, que puede ser procesada por dispositivos como computadoras.

2. **Convertidores digital a análogo (DAC):** convierten una señal digital en una señal análoga, que puede ser procesada por otros dispositivos, como por ejemplo altavoces.

3. **Convertidores de frecuencia:** convierten una señal de una frecuencia a otra. Un componente de este tipo se puede utilizar para cambiar una señal de radio de alta frecuencia a una señal de audio de baja frecuencia.

4. **Convertidores de voltaje:** convierten una señal de voltaje de un nivel a otro. Por ejemplo, se puede utilizar para cambiar una señal de audio de nivel de línea a un nivel de señal de micrófono.

5. **Convertidores de protocolo:** convierten una señal de un protocolo a otro. Por ejemplo, se puede utilizar para convertir una señal de Ethernet a una señal de fibra óptica.

En este caso nos centraremos en los dos primeros.

Convertidor Análogo a Digital (ADC)

Como ya dijimos, un convertidor análogo a digital (ADC), es un dispositivo electrónico que convierte una señal análoga, como la que se obtiene de un sensor de temperatura, presión o luz (análoga), en una señal digital, para ser procesada por un microcontrolador o un computador (digital). La señal análoga es una señal continua en el tiempo y en amplitud, mientras que la señal digital es una señal discreta en el tiempo y en amplitud. En la Figura 4-21 vemos una señal análoga, sinusoidal, que al pasarla por un convertidor ADC genera otra de forma digital.

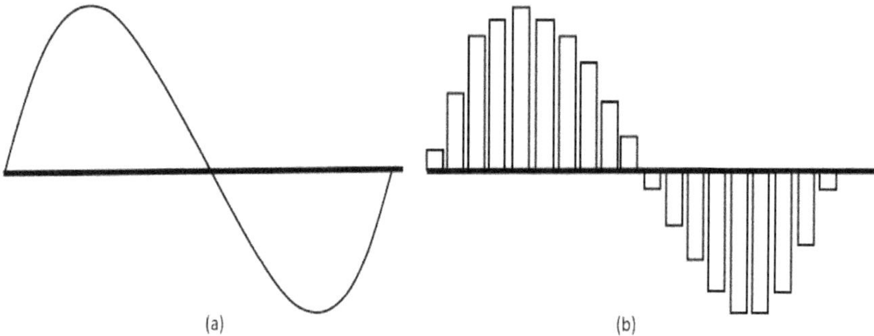

Figura 4-21 Conversión de señal (a) análoga a (b) digital

El proceso de conversión se realiza en dos etapas: muestreo y cuantificación.

1. Durante la etapa de muestreo, el ADC toma muestras de la señal análoga a intervalos regulares de tiempo. Cuanto más rápido se tomen las muestras, mayor será la resolución temporal de la señal digital resultante.

2. Durante la etapa de cuantificación, el ADC asigna un valor digital a cada muestra de la señal análoga. Cuanto mayor sea la resolución del ADC, más precisos serán los valores digitales asignados a cada muestra.

La resolución de un ADC se mide en bits y determina la cantidad de valores discretos que puede tomar la señal digital resultante. Por ejemplo, un ADC de 8 bits puede tomar hasta 256 valores discretos, mientras que un ADC de 16 bits puede tomar hasta 65,536 valores discretos.

Existen diferentes tipos de ADC, como los ADC de aproximaciones sucesivas, los ADC de rampa, los ADC de flash, entre otros. Cada tipo de ADC tiene sus ventajas y desventajas en términos de velocidad, resolución y costo.

Convertidor Digital a Análogo (DAC)

Un convertidor digital a análogo (DAC) es un dispositivo electrónico que convierte una señal digital en una señal análoga. La señal digital se compone de una serie de valores discretos, mientras que la señal análoga es continua tanto en el tiempo como en la amplitud. Obsérvese en la figura 4-22, cómo a partir de una señal (a) digital, compuesta de una gran cantidad de valores discretos, se obtiene una señal (b) análoga.

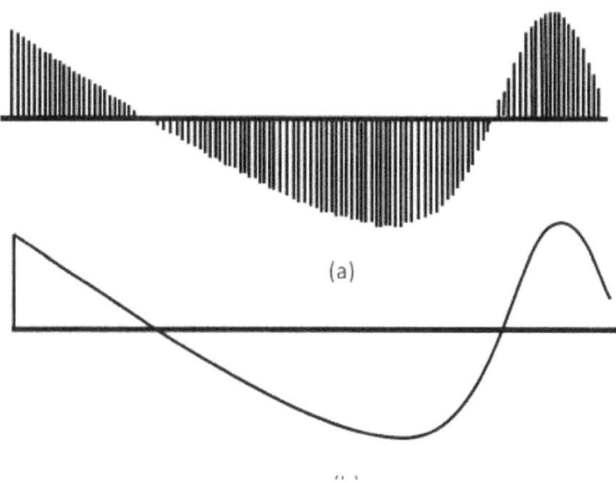

Figura 4-22.conversión de una señal (a) digital a (b) análoga

Un DAC se utiliza comúnmente en aplicaciones como la reproducción de audio y video, el control de motores, y el control de sistemas de automatización. En estas aplicaciones, la señal digital se procesa en un microcontrolador o un computador y se convierte en una señal análoga que se utiliza para controlar el sistema.

En el convertidor análogo a digital, el proceso de conversión se realiza en dos etapas: muestreo y reconstrucción.

1. Durante la etapa de muestreo, el DAC toma una serie de valores digitales y los convierte en una señal análoga continua. Cuanto más frecuentes sean los valores digitales, mayor será la resolución temporal de la señal análoga resultante.

2. Durante la etapa de reconstrucción, el DAC suaviza la señal análoga resultante para eliminar los efectos de las discontinuidades en la señal digital original.

Existen diferentes tipos de DAC, como los DAC de resistencia ponderada, los DAC de red R-2R y los DAC sigma-delta. Cada tipo de DAC tiene sus ventajas y desventajas en términos de velocidad, resolución y costo.

Circuito Integrado

Un circuito integrado (CI) es un componente electrónico que se compone de varios dispositivos electrónicos, como transistores, diodos y resistencias, que están interconectados en un solo chip de silicio (el de la Figura 4-20 (a) es un CI). Los circuitos integrados se utilizan para realizar una variedad de funciones en los sistemas electrónicos modernos, desde el procesamiento de señales hasta la comunicación de datos y el control de motores.

Los circuitos integrados se clasifican en dos categorías principales: análogos y digitales. Los primeros se utilizan para procesar señales análogas, como las señales de audio y de radio, mientras que los segundos se utilizan para procesar señales digitales, como las que maneja un computador.

Estos dispositivos también se pueden clasificar en función de su complejidad. Los circuitos integrados simples, como los amplificadores operacionales (que veremos a continuación) y los comparadores, constan de unos pocos transistores y otros componentes electrónicos. Los circuitos integrados más complejos, como los microprocesadores y los controladores de dispositivos, pueden contener millones de transistores y otros componentes electrónicos.

Los circuitos integrados se fabrican mediante técnicas de procesamiento de semiconductores que implican la deposición de capas finas de materiales semiconductores, como el silicio, sobre sustratos de cristal. Los patrones de los circuitos se crean mediante litografía, que utiliza luz para grabar los patrones en las capas de material semiconductor. Los circuitos integrados se pueden encapsular en diferentes formas, desde paquetes planos hasta encapsulados de plástico con pines.

El CI - Amplificador Operacional

Un amplificador operacional (también conocido como op-amp) es un dispositivo electrónico que se utiliza para amplificar una señal eléctrica. Se trata de un circuito integrado que consta de varios transistores y otros componentes electrónicos, que se interconectan de tal manera que se pueden utilizar para realizar una amplia variedad de funciones de procesamiento de señales.

De hecho, ul amplificador operacional se utiliza comúnmente en aplicaciones de procesamiento de señales, como las de audio y las de control en sistemas de automatización industrial. También en circuitos de control de retroalimentación, como los de control de voltaje y de corriente, y en circuitos de conversión de señales, del tipo análogas a digitales.

El amplificador operacional tiene dos entradas, una inversora (-) y una no inversora (+), y una salida. La amplificación se realiza mediante la comparación de las tensiones de entrada y la aplicación de una ganancia determinada. La ganancia se puede ajustar mediante la selección de la resistencia adecuada en el circuito de retroalimentación. En la Figura 4-23 se observa la representación de un amplificador operacional.

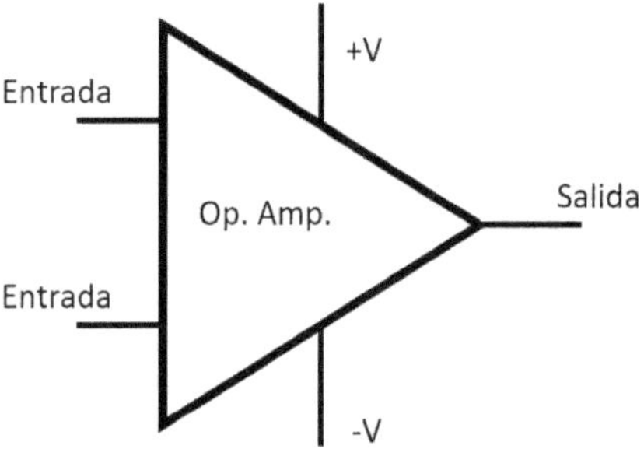

Figura 4-23. Símbolo de un Ampliicador Operacional

Además de la amplificación de señales, el amplificador operacional se utiliza también para realizar funciones matemáticas, como sumas, restas, multiplicaciones, integraciones y derivadas. Los amplificadores operacionales también se pueden utilizar en circuitos osciladores, filtros, y circuitos de comparación.

El CI – 555

Es un circuito integrado que se utiliza con frecuencia en la electrónica como temporizador y oscilador. Fue diseñado originalmente en 1971 por el ingeniero suizo Hans R. Camenzind, y se ha convertido en uno de los circuitos integrados más populares y versátiles de la historia.

Tiene ocho pines, y se pueden utilizar de diferentes maneras para crear diversos tipos de circuitos. En la Figura 4-24 se muestra la pastilla del CI 555 y la función que cumple cada pin.

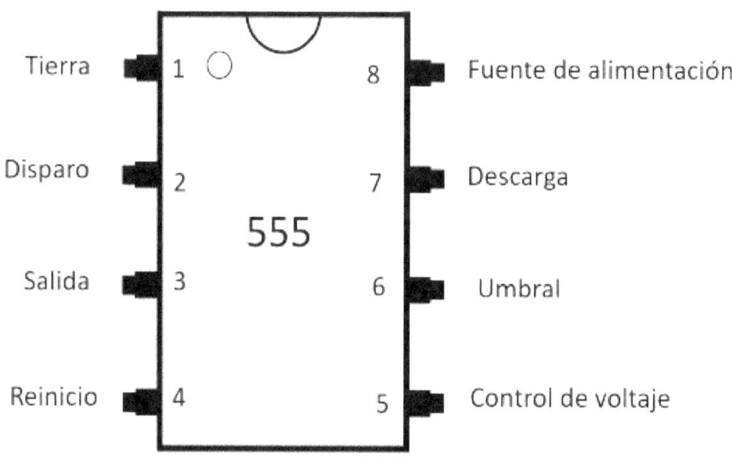

Figura 4-24. Funciones de los pines en el CI 555

En modo temporizador, el 555 se utiliza para generar un pulso de salida en un tiempo determinado, después de que se aplica un pulso de entrada. En modo oscilador, el 555 se utiliza para generar una señal de salida periódica, con una frecuencia determinada.

El CI 555 se puede utilizar en una amplia variedad de aplicaciones, como sistemas de alarma, sistemas de control automático, fuentes de alimentación conmutadas, generadores de onda cuadrada, sistemas de iluminación, entre otros. Además, se puede utilizar en combinación con otros componentes para crear circuitos más complejos.

Cuestionario de repaso

Responda la pregunta:

1. ¿Qué es la electrónica?

2. ¿Cuál es la función de un potenciómetro en un circuito electrónico?

3. ¿Qué tipos de diodos existen?

4. ¿Cuál es la función de un transistor en un circuito electrónico?

5. ¿Qué es un circuito integrado?

Seleccione la opción correcta:

6. ¿Qué tipo de diodo se utiliza para convertir la corriente alterna en corriente continua?
    a. Diodo rectificador
    b. Diodo Zener
    c. Diodo de señal
    d. Diodo Schottky

7. ¿Cómo se llama el rectificador que utiliza solo la mitad de la onda de entrada?
    a. Rectificador de onda completa
    b. Rectificador de media onda
    c. Rectificador Zener
    d. Diodo rectificador

8. ¿Para qué se utiliza un diodo detector?
    a. Para rectificar la señal de entrada

b. Para detectar cambios en la corriente
c. Para detectar cambios en la tensión
d. Para atenuar la señal de entrada

9. ¿Qué tipo de diodo se utiliza para mantener una tensión constante en un circuito?
   a. Diodo rectificador
   b. Diodo Zener
   c. Diodo de señal
   d. Diodo Schottky

10. ¿Qué tipo de diodo se utiliza para aplicaciones de alta frecuencia?
    a. Diodo rectificador
    b. Diodo Zener
    c. Diodo de señal
    d. Diodo Schottky

11. ¿Qué tipo de diodo emite luz visible cuando se polariza directamente?
    a. Diodo Emisor de Luz (LED)
    b. Diodo Emisor de Luz infrarroja
    c. Fotodiodos
    d. Interruptor

12. ¿Qué tipo de diodo se utiliza para detectar luz?
    a. Diodo Emisor de Luz (LED)
    b. Diodo Emisor de Luz infrarroja
    c. Fotodiodos
    d. Interruptor

Responde si la afirmación es falsa o verdadera:

13. Los microcontroladores son dispositivos que pueden realizar tareas programadas y controlar el funcionamiento de otros dispositivos y sistemas.
    a. Verdadero
    b. Falso?

14. Los convertidores de señal son dispositivos que convierten una señal eléctrica analógica en una señal digital y viceversa.
    c. Verdadero
    d. Falso?

15. Un ADC convierte una señal análoga en una señal digital, mientras que

un DAC convierte una señal digital en una señal analógica.
a. Verdadero
b. Falso?

16. Un circuito integrado es un dispositivo electrónico que contiene varios componentes electrónicos, como resistencias, capacitores, transistores y diodos, en un solo chip de silicio.
a. Verdadero
b. Falso?

17. Un amplificador operacional es un circuito integrado que se utiliza para amplificar señales eléctricas, y se puede configurar para realizar diferentes funciones, como sumador, restador, integrador, diferenciador, etc.
a. Verdadero
b. Falso?

18. El circuito integrado 555 es un temporizador que se puede utilizar en una variedad de aplicaciones, como generador de pulsos, oscilador, temporizador, entre otras.
a. Verdadero
b. Falso?

Completa la afirmación con la palabra o expresión correcta:

19. Un __________ es un componente electrónico que se utiliza para ajustar la resistencia eléctrica en un circuito.

20. Un __________ es un dispositivo que se utiliza para abrir o cerrar un circuito eléctrico.

21. Un __________ es un componente de seguridad que se utiliza para proteger los circuitos eléctricos de sobrecargas de corriente.

22. Un __________ es un componente electrónico que se utiliza para amplificar o controlar el flujo de corriente en un circuito.

23. Un __________ es un tipo de transistor que se utiliza para amplificar señales eléctricas, y está compuesto por tres regiones de semiconductor dopado.

24. Un __________ es un tipo de transistor que se utiliza para controlar el flujo de corriente eléctrica mediante el campo eléctrico generado por una

tensión aplicada.

25. Un __________ es un dispositivo que se utiliza para medir una magnitud física y convertirla en una señal eléctrica, que puede ser procesada por otros dispositivos electrónicos.

5. ELECTRÓNICA DIGITAL

Introducción

La electrónica digital es una rama de la electrónica que se encarga del procesamiento, almacenamiento y transmisión de información en forma de señales digitales. Se diferencia de la electrónica análoga en que esta última trabaja con señales continuas, mientras que la electrónica digital trabaja con señales discretas, como se muestra en la Figura 5-1.

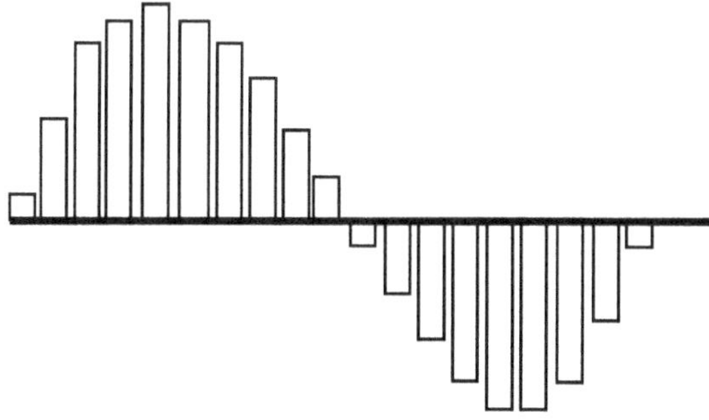

Figura 5-1. Onda sinusoida compuesta de señales (pulsos) discretas

En la electrónica digital, la información se representa en forma de bits, que pueden tener dos valores posibles: 0 o 1. Estos bits se combinan para formar números, letras y otros tipos de información, y se procesan utilizando circuitos digitales.

Los circuitos digitales se basan en compuertas lógicas, que son dispositivos electrónicos que realizan operaciones lógicas básicas, como la negación, la conjunción y la disyunción. Al mismo tiempo, estas compuertas lógicas se combinan para formar circuitos más complejos, como los registros, los contadores, los decodificadores y los multiplexores.

Uno de los principales beneficios de la electrónica digital, es que permite la manipulación y el procesamiento de grandes cantidades de información, de manera rápida y precisa. Además, es fácil de integrar en sistemas complejos y puede ser programada para realizar una amplia variedad de tareas.

La electrónica digital se aplica en una gran variedad de campos, como la informática, las telecomunicaciones, el control de procesos industriales, la robótica, la electrónica de consumo, la automatización de edificios y muchos otros.

Sistemas de numeración

Se utilizan para representar cantidades numéricas. Los sistemas de numeración más comunes, son el decimal, el binario, el octal y el hexadecimal.

Sistema decimal

El sistema decimal se basa en el número 10, es decir, utiliza 10 dígitos distintos (del 0 al 9), para representar todas las cantidades numéricas. Cada dígito en una posición decimal tiene un valor distinto, dependiendo de dicha posición. Por ejemplo, el número 1234, en el sistema decimal, se expresa de la siguiente forma:

$$(1x10^3) + (2x10^2) + (3x10^1) + (4x10^0) =$$

$$(1x1000) + (2x100) + (3x10) + (4x1) =$$

$$1000 + 200 + 30 + 4 =$$

$$1234$$

Sistema binario

El sistema binario se basa en el número 2 y, como ya indicamos, utiliza apenas dos dígitos (0 y 1), para representar todas las cantidades numéricas. En el sistema binario, cada dígito en una posición binaria tiene un valor distinto, dependiendo de dicha posición. Por ejemplo, el número 1101 en el sistema binario, en el sistema decimal significa:

$$(1x2^3) + (1x2^2) + (0x2^1) + (1x1^0) =$$

$$(1x8) + (1x4) + (0x2) + (1x1) =$$

$$8 + 4 + 0 + 1 =$$

$$13 \text{ (en el sistema decimal)}.$$

Sistema octal

El sistema octal está basado en el número 8, y utiliza ocho dígitos distintos (del 0 al 7), para representar todas las cantidades numéricas. Cada dígito en una posición octal tiene un valor distinto, dependiendo de la posición. Por ejemplo, el número

375 en el sistema octal se expresa de la siguiente forma en el sistema decimal:

$$(3x8^2) + (7x8^1) + (5x8^0) =$$

$$(3x64) + (7x8) + (5x1) =$$

$$192 + 56 + 5$$

$$253 \text{ (en el sistema decimal)}$$

Sistema hexadecimal

El sistema hexadecimal se basa en el número 16, y utiliza 16 dígitos distintos (del 0 al 9 y de la A a la F, donde: A=10, B=11, C=12, D=13, E=14, F=15), para representar todas las cantidades numéricas. Cada dígito en una posición hexadecimal tiene un valor distinto, dependiendo de la posición. Por ejemplo, el número A5 en el sistema hexadecimal significa en el sistema decimal:

$$\text{Considerando que } A=10,$$

$$(10x16^1) + (5x16^0) =$$

$$10x16 + 5x1 =$$

$$160 + 5 =$$

$$165 \text{ (en el sistema decimal)}$$

Cada sistema de numeración tiene sus propias ventajas y desventajas y se utiliza en diferentes aplicaciones. El sistema decimal es el más utilizado en la vida cotidiana, mientras que el sistema binario se utiliza ampliamente en la electrónica y la informática. El sistema octal y el hexadecimal se utilizan en la programación de computadores y en la representación de direcciones de memoria.

Álgebra booleana

El álgebra booleana es un área de las matemáticas y la electrónica, que se ocupa del estudio y manipulación de expresiones algebraicas, que contienen variables y operaciones lógicas. Estas variables lógicas pueden tener solo dos valores posibles: verdadero (1) o falso (0).

Las operaciones lógicas más comunes son la negación (NOT), la conjunción (AND) y la disyunción (OR).

La negación se utiliza para invertir el valor lógico de una variable, por ejemplo, NOT A significa que la variable A cambia de 1 a 0 o de 0 a 1.

La conjunción se utiliza para combinar dos o más variables lógicas, y solo es verdadera si todas las variables son verdaderas. Por ejemplo, A AND B es verdadera solo si A y B son verdaderas.

La disyunción se utiliza para combinar dos o más variables lógicas, y es verdadera si al menos una de las variables es verdadera. Por ejemplo, A OR B es verdadera si A es verdadera, B es verdadera o ambos son verdaderas.

El álgebra booleana se utiliza en la electrónica digital para diseñar circuitos lógicos y sistemas de control. Los circuitos lógicos se construyen utilizando compuertas lógicas, que implementan las operaciones lógicas básicas (NOT, AND, OR). Estas compuertas lógicas se combinan para formar circuitos más complejos, que pueden realizar operaciones también más complejas.

El álgebra booleana también se utiliza en la programación de computadores, especialmente en los sistemas de control y en la teoría de la computación. Los programas de computador a menudo utilizan operaciones lógicas para tomar decisiones y controlar el flujo de datos. A modo de ejemplo, consideremos la tabla 5-1:

Tabla 5-1. Sistema de información para las operaciones AND, OR y NOT

P	Q	P AND Q	P OR Q	NOT P
0	0	0	0	1
0	1	0	1	1
1	0	0	1	0
1	1	1	1	0

Esta tabla representa los valores lógicos (verdadero o falso) de las operaciones AND, OR y NOT entre dos variables P y Q.

En la columna P AND Q se muestra el resultado de la operación lógica «Y» entre P y Q. La operación AND devuelve verdadero (1) solo si ambas variables son verdaderas.

En la columna P OR Q se muestra el resultado de la operación lógica «O» entre P y Q. La operación OR devuelve verdadero (1) si al menos una de las variables es verdadera.

En la columna NOT P se muestra el resultado de la operación lógica «NO» sobre la variable P. La operación NOT devuelve verdadero (1) si la variable es falsa y viceversa.

Una vez comprendidas las operaciones lógicas básicas, se puede empezar a trabajar en la simplificación de expresiones booleanas, para lo cual se pueden utilizar leyes y reglas como la ley de identidad, la ley de complemento y la ley de De Morgan, las cuales, pese a su importancia, no veremos en este libro, pues no hacen parte del alcance del mismo.

Isomorfismos

Los isomorfismos son una herramienta importante en la teoría matemática para estudiar estructuras algebraicas. En términos simples, un isomorfismo es una correspondencia biyectiva entre dos estructuras algebraicas que preserva las propiedades fundamentales de estas estructuras.

Formalmente, y siendo A y B dos estructuras algebraicas de un mismo tipo, un isomorfismo entre A y B es una función biyectiva f: A → B que satisface las siguientes condiciones:

f(a * b) = f(a) * f(b) para todo a, b en A (donde * es la operación binaria de A).

f(1_A) = 1_B (donde 1_A y 1_B son los elementos neutros de A y B, respectivamente).

La primera condición garantiza que f preserve la estructura algebraica de A en B, es decir, que la operación binaria en A se corresponda con la operación binaria en B. La segunda condición asegura que f preserve la identidad de la estructura algebraica, es decir, que el elemento neutro en A se corresponda con el elemento neutro en B.

Un ejemplo sencillo de un isomorfismo es la correspondencia biyectiva entre el conjunto de los números enteros y el conjunto de los números pares, definida por f(x) = 2x. Esta función cumple las dos condiciones de un isomorfismo, ya que f(x + y) =

$2(x + y) = 2x + 2y = f(x) + f(y)$ para todo x, y en los enteros, y $f(0) = 2{*}0 = 0$, que es el elemento neutro de los números pares.

Los isomorfismos son importantes porque nos permiten identificar propiedades comunes en estructuras algebraicas aparentemente distintas. Por ejemplo, dos grupos pueden parecer diferentes a primera vista, pero si hay un isomorfismo entre ellos, entonces sabemos que comparten propiedades fundamentales como la existencia de un elemento neutro y la inversibilidad de sus elementos.

Isomorfismos en la electrónica digital

En la electrónica digital, los isomorfismos se utilizan para identificar circuitos lógicos equivalentes que realizan la misma función, aunque puedan estar diseñados de manera diferente. En otras palabras, dos circuitos lógicos pueden ser isomorfos si tienen la misma estructura algebraica y realizan la misma operación booleana.

Por ejemplo, consideremos dos circuitos lógicos que implementan la misma función lógica, pero que tienen diferentes diseños y utilizan diferentes compuertas lógicas. Podemos usar el álgebra de Boole para demostrar que estos circuitos son equivalentes y, por lo tanto, isomorfos.

Para hacer esto, podemos construir una tabla de verdad que muestre los valores de entrada y salida para ambos circuitos, y luego simplificar la expresión booleana resultante utilizando las leyes del álgebra de Boole. Si ambas expresiones booleanas son idénticas, entonces podemos concluir que los circuitos son equivalentes y, por lo tanto, isomorfos.

Los isomorfismos también son importantes en la optimización de circuitos lógicos, ya que permiten identificar circuitos equivalentes más simples y eficientes, que realizan la misma función lógica. Esto puede ser especialmente útil en el diseño de circuitos de alta velocidad o de bajo consumo de energía, donde la optimización del circuito es esencial.

Lógica proposicional y electrónica digital

La analogía entre la lógica proposicional y la electrónica digital es un concepto fundamental en la informática y la tecnología moderna. Esta analogía se basa en la idea de que tanto la lógica proposicional como la electrónica digital operan sobre un conjunto de dos estados o valores binarios, lo que permite su aplicación en áreas como el diseño de circuitos lógicos, la programación y la ingeniería de software.

En la lógica proposicional, una proposición puede tener solo dos valores de verdad: verdadero o falso. Estos valores de verdad se representan con símbolos como «1» para verdadero y «0» para falso. De manera similar, en la electrónica digital, un sistema o dispositivo puede estar en uno de dos estados binarios: «encendido» o «apagado», «abierto» o «cerrado», «alto» o «bajo», «verdadero» o «falso», y se representan con los mismos números «1» y «0».

Esta analogía permite la aplicación de la lógica proposicional en la electrónica digital, ya que los circuitos lógicos y los sistemas digitales se construyen a partir de componentes que tienen estados binarios, lo que permite el diseño y construcción de circuitos lógicos y sistemas digitales.

Por ejemplo, se pueden utilizar operaciones lógicas como AND, OR y NOT para combinar entradas binarias y producir salidas binarias en un circuito lógico. De manera similar, en la programación y la ingeniería de software, se utilizan expresiones booleanas para controlar el flujo de ejecución de un programa y tomar decisiones basadas en valores lógicos verdaderos o falsos. Veamos la tabla 5-2:

Tabla 5-2. Sistema de información «Estado del piloto vs comportamiento de la información»

Estado de verdad	Estado del piloto	Comportamiento de la información
1	1	1
1	0	1
0	1	0
0	0	0

En la tabla se muestran los cuatro posibles estados en los que puede encontrarse un sistema de información, y cómo se relacionan con el estado de un piloto y el comportamiento de la información misma.

Cuando el estado de verdad es 1, la información pasa, independientemente de si el piloto está encendido o apagado. Por otro lado, cuando el estado de verdad es 0, la información no pasa, independientemente del estado del piloto.

Esta tabla ilustra cómo los estados binarios de un sistema de información se relacionan con los estados binarios de un piloto y cómo la lógica booleana puede utilizarse para describir el comportamiento de los sistemas de información.

Circuitos lógicos

Los circuitos lógicos son sistemas electrónicos que operan con base en principios lógicos y matemáticos, y que se utilizan en la construcción de dispositivos digitales, como computadores, teléfonos inteligentes, consolas de juegos, entre otros.

En la Figura 5-2 vemos un circuito que se compone de una fuente de energía alimentando una lámpara, pero con dos interruptores en serie, que pueden estar, cualquiera de los dos, o los dos al mismo tiempo, en dos posibles estados: «encendido», «apagado».

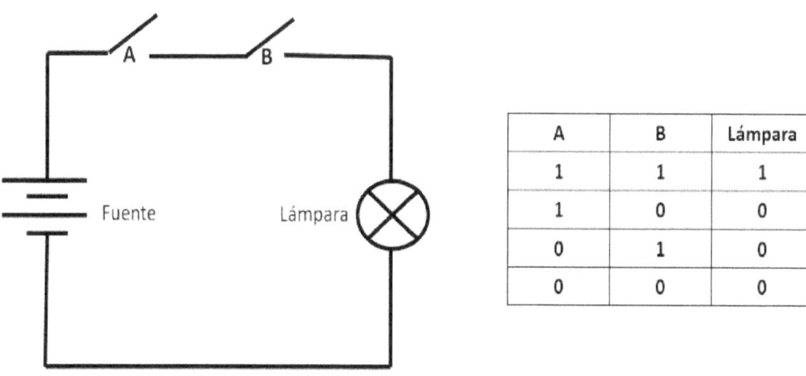

A	B	Lámpara
1	1	1
1	0	0
0	1	0
0	0	0

Figura 5-2. Circuito con doble interruptor y tabla de verdad

Los circuitos lógicos se basan en dos tipos de dispositivos electrónicos: las compuertas lógicas y los flip-flops, y pueden construirse utilizando diferentes tecnologías, como transistores bipolares, transistores de efecto de campo (FET), circuitos integrados y otros componentes electrónicos.

Las compuertas lógicas son dispositivos que realizan operaciones lógicas simples, como la negación, la conjunción y la disyunción. Los flip-flops son dispositivos que se utilizan para almacenar un bit de información y para construir circuitos secuenciales.

Existen diferentes tipos de circuitos lógicos, que se clasifican según su función y su complejidad. Algunos de los más comunes incluyen los circuitos combinacionales, que realizan operaciones lógicas en tiempo real y no almacenan información; los circuitos secuenciales, que almacenan información y se utilizan en aplicaciones como los contadores y los registros; y los circuitos aritméticos, que realizan operaciones matemáticas como la suma, la resta, la multiplicación y la división.

Los circuitos lógicos son esenciales en la electrónica digital, ya que permiten la construcción de sistemas complejos de procesamiento de información. Además, se utilizan en una amplia variedad de aplicaciones, tanto en la industria como en la comunicación, la robótica, el control de procesos y muchos otros campos.

Compuertas lógicas

Las compuertas lógicas son operaciones que se utilizan en la electrónica digital, para combinar dos o más proposiciones simples o atómicas, y obtener una nueva proposición más compleja. Las principales compuertas lógicas son la conjunción, la disyunción, la negación, la implicación y la equivalencia.

La conjunción es una compuerta lógica que se denota por el símbolo «Λ» y se lee como «Y». Esta operación se utiliza para combinar dos proposiciones simples y se obtiene una nueva proposición que es verdadera solo si ambas proposiciones simples son verdaderas. Por ejemplo, si A es la proposición «Juan es alto» y B es la proposición «Ana es inteligente», entonces la proposición compuesta A Λ B sería «Juan es alto y Ana es inteligente».

La disyunción es una compuerta lógica que se denota por el símbolo «V» y se lee como «O». Esta operación se utiliza para combinar dos proposiciones simples y se obtiene una nueva proposición que es verdadera si al menos una de las proposiciones simples es verdadera. Por ejemplo, si A es la proposición «Juan es alto» y B es la proposición «Ana es inteligente», entonces la proposición compuesta A V B sería «Juan es alto o Ana es inteligente».

La negación es una compuerta lógica que se denota por el símbolo «~» y se lee como «No». Esta operación se utiliza para negar una proposición simple y se obtiene una nueva proposición que es verdadera si la proposición simple es falsa y viceversa. Por ejemplo, si A es la proposición «Juan es alto», entonces la proposición compuesta ~A sería «Juan no es alto».

La implicación es una compuerta lógica que se denota por el símbolo «→» y se lee como «Si...entonces». Esta operación se utiliza para relacionar dos proposiciones y se obtiene una nueva proposición que es falsa solo si la proposición antecedente es verdadera y la consecuente es falsa. Por ejemplo, si A es la proposición «Juan es alto» y B es la proposición «Ana es inteligente», entonces la proposición compuesta A → B sería «Si Juan es alto, entonces Ana es inteligente».

La equivalencia es una compuerta lógica que se denota por el símbolo «↔» y se lee como «Si, y solo si». Esta operación se utiliza para relacionar dos proposiciones y se obtiene una nueva proposición que es verdadera si ambas proposiciones son verdaderas o ambas son falsas. Por ejemplo, si A es la proposición «Juan es alto» y B es la proposición «Ana es inteligente», entonces la proposición compuesta A ↔ B sería «Juan es alto si y solo si Ana es inteligente».

En la Figura 5-3 se ven las compuertas lógicas más comunes, así como su símbolo y función.

Nombre	Símbolo	Función
AND	X, Y → F	$F = X * Y$
NAND	X, Y → F	$F = \overline{X * Y}$
OR	X, Y → F	$F = X + Y$
NOR	X, Y → F	$F = \overline{X + Y}$
NOT	X → F	$F = \overline{X}$
XOR	X, Y → F	$F = X\overline{Y} + \overline{X}Y$
XNOR	X, Y → F	$F = XY + \overline{X}\,\overline{Y}$

Figura 5-3. Compuertas lógicas más comunmente utilizadas

Flip-flops

Los flip-flops son circuitos electrónicos básicos, que se utilizan en la electrónica digital para almacenar información o datos. Estos circuitos están diseñados para cambiar de estado (de 0 a 1 o viceversa), en respuesta a una señal de reloj.

Existen varios tipos de flip-flops, pero los más comunes son el flip-flop SR, el flip-flop D, el flip-flop JK y el flip-flop T. En la Figura 5-4 se pueden apreciar sus respectivos circuitos:

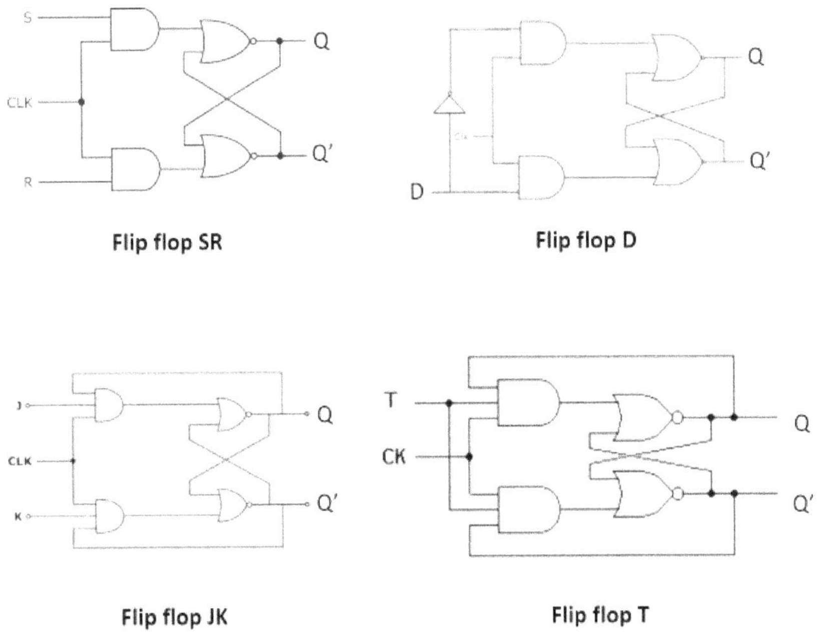

Figura 5-4. Flip flops más comunes

El flip-flop SR es un circuito que tiene dos entradas (S y R) y dos salidas (Q y Q'). Cuando la entrada S se activa, la salida Q cambia a 1, mientras que la salida Q' cambia a 0. Por otro lado, cuando la entrada R se activa, la salida Q cambia a 0, mientras que la salida Q' cambia a 1. Si ambas entradas se activan al mismo tiempo, se produce una condición de carrera que puede generar un estado no deseado.

El flip-flop D es un circuito que tiene una sola entrada (D) y dos salidas (Q y Q'). Cuando la entrada D se activa, la salida Q cambia a 1, mientras que la salida Q' cambia a 0. Por otro lado, cuando la entrada D se desactiva, la salida Q cambia a 0, mientras que la salida Q' cambia a 1.

El flip-flop JK es un circuito que tiene dos entradas (J y K) y dos salidas (Q y Q'). Cuando la entrada J se activa y la entrada K se desactiva, la salida Q cambia a 1, mientras que la salida Q' cambia a 0. Por otro lado, cuando la entrada K se activa y la entrada J se desactiva, la salida Q cambia a 0, mientras que la salida Q' cambia a 1. Si ambas entradas se activan al mismo tiempo, se produce una condición de toggle que cambia el estado del flip-flop.

El flip-flop T es un circuito que tiene una sola entrada (T) y dos salidas (Q y Q'). Cuando la entrada T se activa, la salida Q cambia al estado opuesto al que tenía anteriormente. Es decir, si Q era 1, pasa a ser 0, y si Q era 0, pasa a ser 1. La salida Q' es la salida complementaria de Q.

Los flip-flops son utilizados en múltiples aplicaciones en la electrónica digital, como en contadores, registros de desplazamiento, memorias y en la implementación de circuitos secuenciales.

Registros

Un registro digital es un circuito electrónico que se utiliza para almacenar una cantidad limitada de información en un sistema de procesamiento de datos. Se utilizan para almacenar datos temporalmente durante el procesamiento y para transferir datos entre diferentes partes del sistema.

Los registros digitales están compuestos por un conjunto de flip-flops que pueden almacenar uno o más bits de información. Cada flip-flop almacena un solo bit de información y está controlado por señales de reloj y de entrada/salida. La señal de reloj es una señal de temporización que controla cuándo se actualiza el contenido del registro. La señal de entrada/salida se utiliza para escribir o leer datos del registro.

Existen diferentes tipos de registros digitales, como los registros de desplazamiento, como el que se muestra en la Figura 5-5, los registros de carga paralela, los registros de desplazamiento con retroalimentación, los registros de corrimiento universal, entre otros. Cada tipo de registro se adapta a diferentes necesidades y requerimientos de almacenamiento de datos.

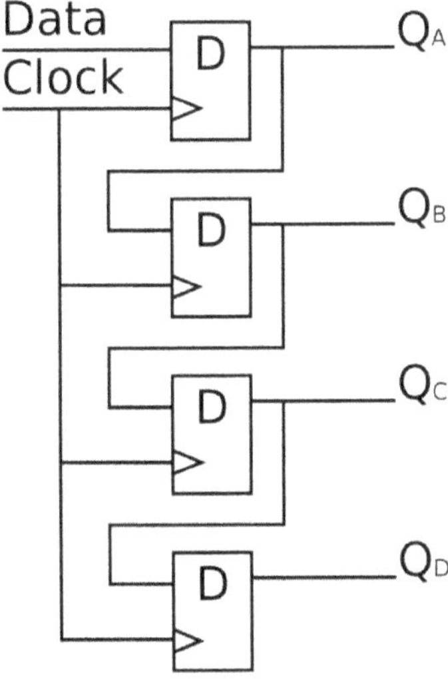

Figura 5-5. Registro de desplazamiento

Los registros digitales se utilizan en una amplia variedad de aplicaciones en la electrónica y la informática. Por ejemplo, en un procesador de computador, se utilizan para almacenar datos y direcciones de memoria temporalmente durante el procesamiento. En un sistema de comunicaciones, se utilizan para almacenar datos mientras se transmite o recibe información. En un sistema de control, los registros se utilizan para almacenar estados y valores de retroalimentación.

Contadores

Un contador digital es un circuito electrónico que se utiliza para contar eventos o impulsos en un sistema digital. Están compuestos por flip-flops y circuitos combinacionales que realizan la función de contar y controlar el flujo de datos. Los contadores digitales se utilizan en una amplia variedad de aplicaciones en la electrónica y la informática, como en sistemas de medición, procesamiento de señales, sistemas de control y automatización, entre otros.

Existen diferentes tipos de contadores digitales, entre los que se incluyen los contadores asíncronos, síncronos y los contadores con un estado. Los contadores asíncronos, también conocidos como contadores de carreras o ripple counters, son los más simples y económicos, pero su velocidad y precisión es limitada, debido a que los flip-flops se activan secuencialmente. Los contadores síncronos, por otro lado, utilizan una señal de reloj común para todos los flip-flops, lo que permite una mayor velocidad y precisión. Los contadores con un estado, también conocidos como contadores de Johnson, utilizan flip-flops conectados en serie, con una entrada y una salida en la que se produce una secuencia repetitiva de estados.

Los contadores digitales se utilizan para contar eventos o impulsos en un sistema digital, como el número de ciclos de reloj, el número de pulsos de entrada, o el número de veces que se activa una señal. Los contadores también se pueden utilizar para generar señales de temporización, como relojes y temporizadores. Además, los contadores pueden ser conectados en cascada para contar grandes números de eventos o para implementar funciones lógicas complejas. En la Figura 5-6 se muestra el circuito correspondinete a un reloj.

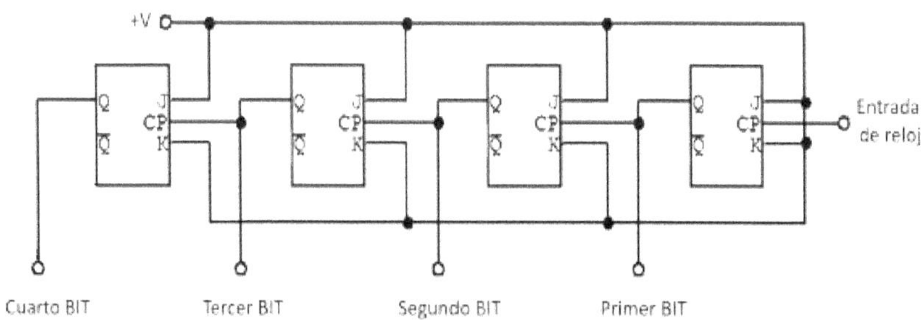

Figura 5-6. Contador asíncrono de 4 Bits

Cuestionario de repaso

Responda la pregunta:

1. ¿Qué es un sistema de numeración binario y cómo funciona?

2. ¿Qué es un isomorfismo y cómo se aplica en la electrónica digital?

3. ¿Qué son las compuertas lógicas y cuáles son sus principales funciones?

4. ¿Qué es un flip-flop y para qué se utiliza en la electrónica digital?

5. ¿Qué es un contador y cuál es su principal aplicación en la electrónica digital?

Seleccione la opción correcta:

6. ¿Cuál es la función principal del álgebra booleana en la electrónica digital?

    e. Simplificar circuitos lógicos
    f. Convertir números binarios a números decimales
    g. Realizar operaciones matemáticas complejas
    h. Generar señales de audio y video

7. ¿Qué es un flip-flop y para qué se utiliza en la electrónica digital?
    a. Una compuerta lógica utilizada para sumar dos números binarios
    b. Un dispositivo que permite almacenar un bit de información y se utiliza para construir registros y contadores
    c. Un circuito que convierte señales analógicas a señales digitales
    d. Un dispositivo que se utiliza para generar señales de reloj

8. ¿Qué son las compuertas lógicas y cuáles son sus principales funciones?
    a. Son dispositivos que se utilizan para procesar señales analógicas y digitales
    b. Son circuitos que permiten convertir señales analógicas en señales digitales
    c. Son elementos básicos de la lógica digital que realizan operaciones lógicas como AND, OR y NOT
    d. Son dispositivos que se utilizan para almacenar información en memoria RAM

9. ¿Qué es un registro y cuál es su función en la electrónica digital?
    a. Es un dispositivo que se utiliza para generar señales de reloj
    b. Es un circuito que permite convertir señales analógicas en señales digitales
    c. Es un elemento de almacenamiento que puede almacenar varios bits de información y se utiliza para mantener el estado de un sistema
    d. Es un dispositivo que se utiliza para procesar señales digitales en señales analógicas

10. ¿Qué es un contador y cuál es su principal aplicación en la electrónica digital?
    a. Es un circuito que permite convertir señales analógicas en señales

digitales

- b. Es un dispositivo que se utiliza para procesar señales analógicas y digitales
- c. Es un elemento de almacenamiento que se utiliza para mantener el estado de un sistema
- d. Es un circuito que cuenta el número de eventos que ocurren y se utiliza en aplicaciones como medidores de tiempo y contadores de pulsos

Responde si la afirmación es falsa o verdadera:

11. Los circuitos lógicos pueden ser construidos utilizando compuertas lógicas.
    - a. Verdadero
    - b. Falso

12. Un isomorfismo es una relación que existe entre dos circuitos que tienen diferentes estructuras pero la misma funcionalidad.
    - a. Verdadero
    - b. Falso

13. Los flip-flops son elementos de almacenamiento que se utilizan para mantener el estado de un sistema.
    - a. Verdadero
    - b. Falso

14. La lógica proposicional es una rama de la matemática que se utiliza en la electrónica digital para realizar operaciones matemáticas complejas.
    - a. Verdadero
    - b. Falso

15. El álgebra booleana es un conjunto de reglas y principios matemáticos utilizados para simplificar y analizar circuitos lógicos.
    - a. Verdadero
    - b. Falso

Completa la afirmación con la palabra o expresión correcta:

16. El ______________ es una rama de las matemáticas que se utiliza en la electrónica digital para realizar operaciones lógicas y simplificar circuitos.

17. Un _______________ es una relación que existe entre dos circuitos que tienen diferentes estructuras pero la misma funcionalidad.

18. Los ____________ son elementos de almacenamiento que se utilizan para mantener el estado de un sistema en la electrónica digital.

19. Las ______________ son circuitos que se utilizan para realizar operaciones lógicas en la electrónica digital, como AND, OR y NOT.

20. Un ____________ es un circuito que cuenta el número de eventos que ocurren y se utiliza en aplicaciones como medidores de tiempo y contadores de pulsos en la electrónica digital.

6. MAGNETISMO

Introducción

El magnetismo es la propiedad de ciertos materiales, como los imanes, que les permite generar un campo magnético a su alrededor, el cual puede atraer o repeler otros materiales magnéticos.

Ahora bien, los fenómenos magnéticos se refieren a la interacción entre campos magnéticos y materiales magnéticos. Estos últimos, son aquellos que tienen propiedades magnéticas, es decir, que pueden generar un campo magnético o ser atraídos por un campo magnético externo.

El campo magnético es una fuerza invisible que rodea a un imán o a un conductor, por el que fluye una corriente eléctrica. Esta fuerza magnética puede ser atraída o repelida por otros objetos magnéticos, dependiendo de la orientación de sus propios polos magnéticos.

Uno de los fenómenos magnéticos más comunes es la atracción o repulsión de objetos con esta misma propiedad. Cuando dos objetos magnéticos se acercan, sus polos opuestos se atraen, mientras que sus polos iguales se repelen.

Otro fenómeno magnético importante es la inducción magnética, que se refiere a la creación de un campo magnético en un objeto, debido a la presencia de un campo magnético externo. Cuando un objeto se coloca dentro de un campo magnético, se genera una corriente eléctrica en el objeto, que a su vez genera un campo magnético. Este fenómeno es utilizado en generadores y transformadores eléctricos, como veremos más adelante.

También existe la magnetización, que se refiere a la alineación de los átomos dentro de un material magnético, para crear un campo magnético permanente. Cuando un material magnético se coloca dentro de un campo magnético externo, los átomos dentro del material se alinean con el campo externo, creando un campo magnético permanente en el material. Esto se utiliza en la fabricación de imanes permanentes.

A continuación, se describen algunos conceptos básicos relacionados con el magnetismo:

1. **Imán**: es un material que produce un campo magnético a su alrededor. Puede ser natural, como la magnetita, o artificial, como un imán de neodimio. Un imán tiene dos polos, como se muestra en la Figura 6-1, llamados norte y sur, que generan un campo magnético opuesto.

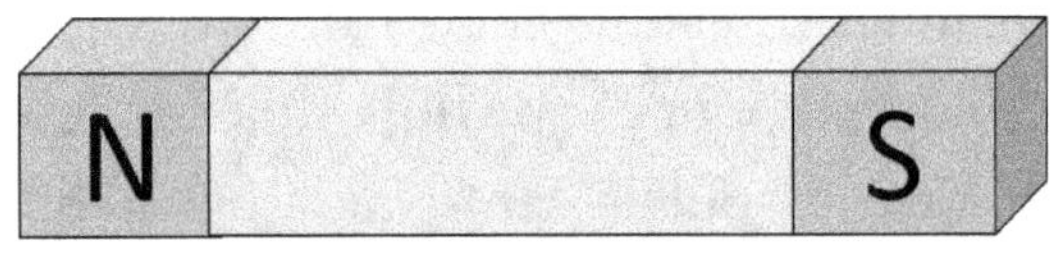

Figura 6-1. Representación de un imán

2. **Campo magnético**: es la región del espacio en la que un imán, o una corriente eléctrica, genera una fuerza magnética. El campo magnético se representa mediante líneas, como las mostradas en la Figura 6-2, que indican la dirección y la intensidad de dicho campo magnético.

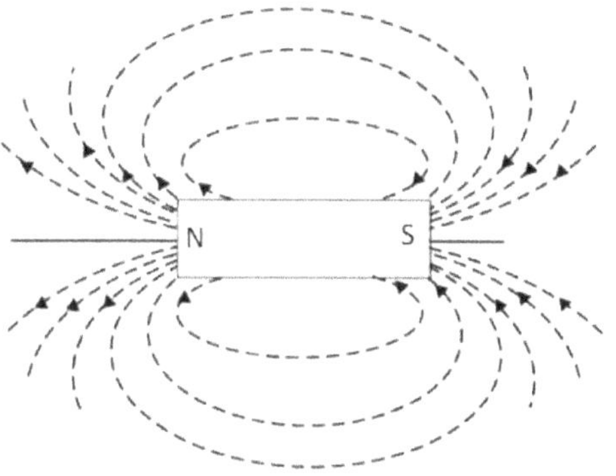

Figura 6-2. Campo magnético alrededor de un imán

3. **Fuerza magnética**: es la fuerza que se produce entre dos materiales magnéticos que interactúan debido a sus campos magnéticos. La fuerza magnética depende de la intensidad del campo y de la distancia entre los materiales.

4. **Magnetización**: es el proceso por el cual se alinean los polos magnéticos de un material para que generen un campo magnético en una dirección determinada. La magnetización puede ser natural o inducida mediante un campo magnético externo.

5. **Ferromagnetismo**: es la propiedad de ciertos materiales, como el hierro, el níquel y el cobalto, de ser fuertemente atraídos por un imán y de poder magnetizarse con facilidad.

6. **Paramagnetismo**: es la propiedad de ciertos materiales, como el aluminio y el titanio, de ser débilmente atraídos por un imán y de poder magnetizarse temporalmente en presencia de un campo magnético externo.

7. **Diamagnetismo**: es la propiedad de ciertos materiales, como el cobre y el oro, de ser repelidos por un imán y de tener una susceptibilidad magnética negativa.

El estudio del magnetismo es esencial en la física y en la ingeniería, y tiene muchas aplicaciones prácticas en la industria, la medicina y la tecnología.

Leyes que rigen los campos magnéticos

Los campos magnéticos son invisibles, pero se pueden detectar mediante instrumentos como una brújula, que indica la dirección del campo magnético en el lugar donde este se encuentra. Pero además, se pueden medir con magnetómetros, que determinan la intensidad del campo en un punto definido.

Recordemos que los campos magnéticos se generan por la presencia de cargas eléctricas en movimiento, como los electrones en un cable por el que circula corriente, o por la orientación de los polos de un material magnético, como un imán.

La fuerza magnética que se ejerce sobre una carga eléctrica en movimiento, en un campo magnético, se calcula mediante la *ley de Lorentz*:

Ley de Lorentz (o «ley de la mano derecha»)

La fuerza magnética es perpendicular a la dirección del movimiento de la carga y al campo magnético.

Los campos magnéticos se dividen en dos tipos principales: estáticos y alternos. Los primeros tienen una dirección y una intensidad constantes, mientras que los segundos varían en dirección e intensidad con el tiempo. En la Figura 6-3 se puede apreciar la aplicación de la ley de la mano derecha, que es la misma ley de Lorents, para determinar la dirección de un campo magnético.

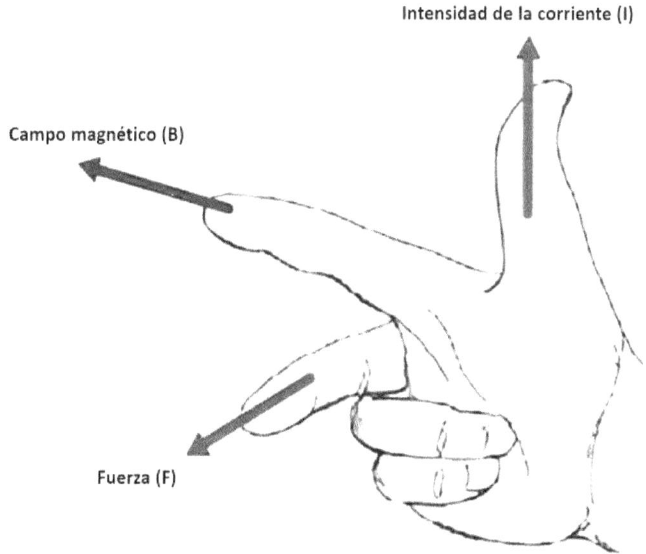

Figura 6-3. Ley de Lorentz o de la mano derecha

Los campos magnéticos tienen muchas aplicaciones prácticas: por ejemplo, en la industria, para la separación de metales, en la medicina, para la resonancia magnética, y en la tecnología, para la lectura y escritura de datos en discos duros y tarjetas de crédito.

Un ejemplo de la Ley de Lorentz en acción es el funcionamiento de un motor eléctrico. este aparato funciona mediante la interacción entre un campo magnético y una corriente eléctrica en un conductor. La corriente, que es un flujo de cargas en movimiento, interactúa con el campo magnético generado por los imanes dentro del motor. Según la ley de Lorentz, la fuerza de Lorentz actúa sobre los electrones de la corriente eléctrica, lo que hace que se desvíen de su curso original y generen un movimiento circular. Este movimiento circular es lo que hace que el motor gire y produzca trabajo mecánico.

Ley de Faraday

La variación del flujo magnético a través de una superficie cerrada induce una fuerza electromotriz en un circuito eléctrico situado en esa superficie.

En otras palabras, cuando cambia el campo magnético que atraviesa una bobina, se genera una corriente eléctrica en la misma, como se muestra en la Figura 6-4.

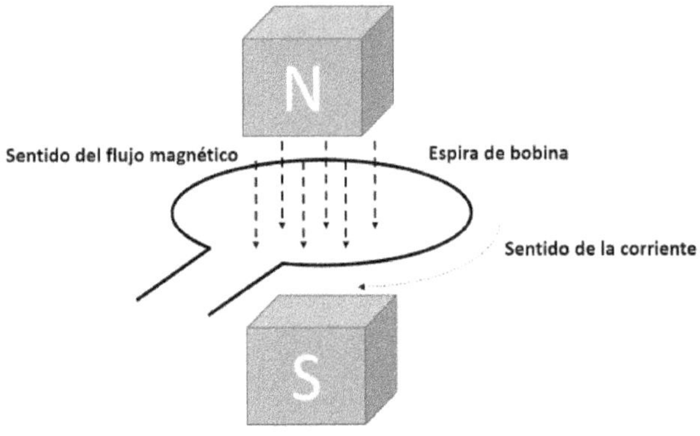

Figura 6-4. Ley de Faraday y ley de Lenz

La Ley de Faraday se puede expresar matemáticamente mediante la siguiente fórmula:

$$\epsilon = -\frac{d\theta}{dt}$$

Donde:

$\mathcal{E}$, es la fuerza electromotriz inducida en el circuito eléctrico
$d\theta$, es la variación del flujo magnético a través de la superficie cerrada
dt, es el cambio en el tiempo

Supongamos que se tiene una bobina en un campo magnético variable, es decir, que el campo magnético que atraviesa la bobina está cambiando en el tiempo. En este caso, según la ley de Faraday, se genera una fuerza electromotriz en la bobina, que produce una corriente eléctrica en la misma dirección, que se opone al cambio original del campo magnético. Es decir, si el campo magnético está aumentando, la corriente eléctrica en la bobina se opone a este aumento de varación.

La ley de Faraday es fundamental en la física, y tiene importantes aplicaciones en la generación de energía eléctrica, en el electromagnetismo, y en la tecnología en general. La misma permite entender cómo se generan las corrientes eléctricas a partir de campos magnéticos cambiantes, y cómo se pueden aprovechar estos fenómenos para generar energía eléctrica. Además, esta ley es la base de la tecnología de los generadores eléctricos, que convierten la energía mecánica en energía eléctrica mediante la variación del flujo magnético en una bobina.

Ley de Lenz

Cualquier cambio en el campo magnético que atraviesa una bobina induce una fuerza electromotriz en la misma, que se opone al cambio original.

La ley de Lenz se puede expresar matemáticamente mediante la siguiente fórmula:

$$\epsilon = -N\,\frac{d\theta}{dt}$$

Donde:

ε, es la fuerza electromotriz inducida en la bobina
N, es el número de espiras de la bobina
$d\theta$, es el flujo magnético a través de la bobina
dt, es el cambio en el tiempo.

Y como ejemplo de aplicación de la ley de Lenz, supongamos que una bobina está situada cerca de un imán, y que el imán se acerca o se aleja de la bobina. En este caso, se produce un cambio en el campo magnético que atraviesa la bobina. Según la ley de Lenz, este cambio induce una fuerza electromotriz en la bobina, que genera una corriente eléctrica en la misma dirección, pero en sentido contrario al cambio original. Es decir, si el imán se acerca a la bobina, la corriente generada en esta se opone a este movimiento, y si el imán se aleja de la bobina, la corriente generada en ella se opone a este alejamiento.

La ley de Lenz tiene importantes aplicaciones en la generación de energía eléctrica, en electromagnetismo, y en la tecnología en general. En las centrales hidroeléctricas, por ejemplo, la interacción entre el campo magnético y el rotor induce una corriente eléctrica en los conductores de este, lo que produce energía eléctrica. En las antenas de radio, la ley de Lenz se aplica en la transmisión y recepción de señales de radio. La variación de un campo eléctrico genera un campo magnético, que induce una corriente en una antena receptora.

Circuitos magnéticos

Un circuito magnético es un camino cerrado de materiales magnéticos, que permite la circulación de un campo magnético. El circuito magnético se compone de un núcleo magnético (por lo general hecho de hierro o acero), y una bobina que se encuentra alrededor del núcleo. La corriente eléctrica que fluye a través de la bobina crea un campo magnético que induce un flujo magnético en el núcleo.

Los transformadores y motores eléctricos son dos aplicaciones comunes de los circuitos magnéticos.

Transformador

Un transformador consiste en dos bobinas de alambre aislado, llamadas devanados, que se colocan cerca uno del otro, pero que no se tocan entre sí. El devanado que se conecta a la fuente de alimentación se llama primario y el otro secundario, como se muestra en la Figura 6-5.

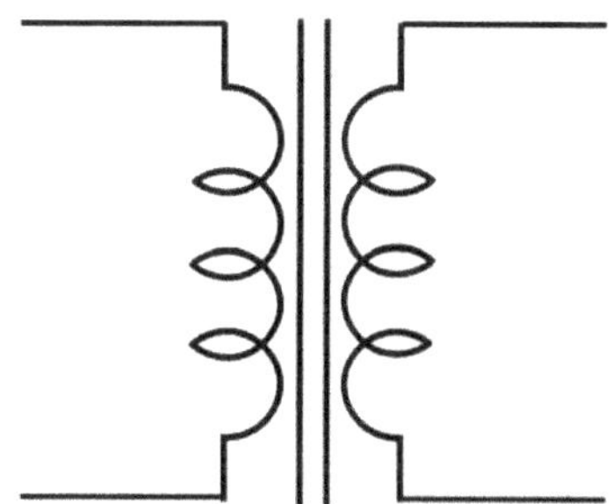

Figura 6-5. Símbolo de un transformador

Cuando la corriente eléctrica fluye a través de la bobina primaria, crea un campo magnético en el núcleo magnético. Este campo magnético induce una corriente eléctrica en la bobina secundaria, que a su vez crea una tensión en la bobina secundaria. La relación entre el número de vueltas de las bobinas primaria y secundaria determina la relación de transformación de voltaje, como se muestra en la Figura 6-6, y en la ecuación a continuación:

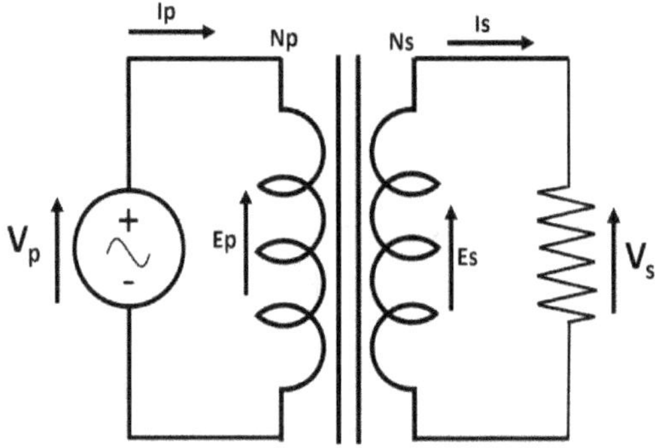

Figura 6-6. Relaciones en un transformador

Donde:

Vp, es el voltaje del primario
Vs, es el voltaje del secundario
Ip, es la corriente del primario
Is, es la corriente del secundario
Np, es el número de vueltas del devanado primario
Ns, es el número de vueltas del devanado secundario

$$\frac{V_p}{V_s} = \frac{I_s}{I_p} = \frac{N_p}{N_s}$$

La operación del transformador se basa en los principios de la inducción electromagnética vistos anteriormente. Cuando se aplica una corriente alterna (CA) al devanado primario, se produce un campo magnético que atraviesa el núcleo del transformador y se induce una corriente en el devanado secundario.

Es importante anotar que en un transformador ideal la potencia en el primario y en el secundario siempre son iguales, esto en virtud de la ley de la conservación de la energía, que establece que la energía no se crea ni se destruye, solo se transforma.

En un transformador real, sin embargo, existen pérdidas debido a la resistencia de los materiales y la disipación de energía en forma de calor. Por lo tanto, la potencia en el secundario será ligeramente menor que la potencia en el primario.

Los transformadores de distribución se utilizan para reducir la alta tensión a la que se genera la energía, y así, transmitir a una tensión más baja, que es la que se utiliza en los hogares y en las empresas. Los transformadores también se utilizan en equipos electrónicos para proporcionar aislamiento y reducir el ruido eléctrico.

Motor

Un motor eléctrico es un dispositivo que convierte la energía eléctrica en energía mecánica. Se compone de un rotor (parte móvil) y un estator (parte fija), que se encuentran dentro de una carcasa.

El rotor se compone de un eje y un conjunto de bobinas (devanados) que están enrolladas alrededor del mismo. Estas bobinas son alimentadas por corriente eléctrica, lo que crea un campo magnético en el rotor. El estator, por otro lado, se compone de un conjunto de imanes permanentes o bobinas que generan un campo magnético fijo.

Cuando la corriente eléctrica fluye a través de las bobinas del rotor, se produce un campo magnético que interactúa con el campo magnético del estator. Este campo magnético en rotación genera un *par motor*, que hace girar el rotor. La velocidad de rotación del rotor depende de la frecuencia de la corriente eléctrica y del diseño del motor.

Hay diferentes tipos de motores eléctricos, como el motor de corriente continua (DC), el motor de corriente alterna (AC) y el motor paso a paso. Los motores de corriente continua se utilizan comúnmente en aplicaciones que requieren un control de velocidad preciso, como en los robots y en los vehículos eléctricos. Los motores de corriente alterna, por su parte, son más comunes en aplicaciones industriales, como en las bombas y los ventiladores.

En los motores paso a paso, el rotor gira en pasos discretos en lugar de hacerlo continuamente. Estos motores se utilizan en aplicaciones que requieren una alta precisión de posicionamiento, como en las impresoras 3D y las máquinas de corte por láser.

Ondas electromagnéticas

Son un tipo de onda que se propaga en el espacio mediante la interacción de campos eléctricos y magnéticos oscilantes. Estas ondas se generan a partir de la vibración de cargas eléctricas y se propagan a través del vacío y de diferentes medios materiales.

Las ondas electromagnéticas tienen una serie de propiedades que las hacen únicas y muy útiles en diferentes campos de la ciencia y la tecnología. Algunas de las propiedades más importantes de las ondas electromagnéticas son:

8. **Frecuencia**: se refiere al número de ciclos completos de oscilación que realiza por unidad de tiempo. La unidad de medida de la frecuencia es el Hertz (Hz). Las ondas electromagnéticas se clasifican según su frecuencia en

diferentes categorías, como por ejemplo, las ondas de radio, las microondas, la luz visible, los rayos X, etc.

9. **Longitud de onda**: se refiere a la distancia que hay entre dos puntos equivalentes de la onda, como por ejemplo, dos crestas o dos valles consecutivos. La unidad de medida de la longitud de onda es el metro (m).

10. **Velocidad de propagació**n: se refiere a la rapidez con que se desplaza la onda a través del espacio o del medio material en el que se encuentra. La velocidad de propagación de las ondas electromagnéticas en el vacío es de 300.000 kilómetros por segundo (velocidad de la luz), y se denota por la letra «C».

11. **Polarizació**n: se refiere a la dirección de oscilación de los campos eléctricos y magnéticos que la componen. Las ondas electromagnéticas pueden ser polarizadas de diferentes maneras, como por ejemplo lineal, circular o elíptica.

12. **Interferencia**: se refiere al fenómeno que se produce cuando dos o más ondas se superponen en un punto del espacio. Dependiendo de la fase relativa de las ondas, pueden interferir constructiva o destructivamente, lo que puede producir un efecto de refuerzo o de anulación de la onda resultante.

Electromagnetismo

El electromagnetismo es una rama de la física que estudia la relación entre los campos eléctricos y magnéticos y sus efectos sobre las cargas eléctricas en movimiento. En otras palabras, trata de entender cómo la electricidad y el magnetismo están relacionados y cómo interactúan entre sí.

La relación entre el electromagnetismo y el magnetismo se debe a que un campo magnético se genera cuando hay cargas eléctricas en movimiento. Como ya vimos, cuando una corriente eléctrica fluye a través de un conductor, se produce un campo magnético alrededor del mismo. Además, si se coloca un conductor en un campo magnético, se induce una corriente eléctrica en este, según la ley de Faraday.

La teoría del electromagnetismo se describe mediante las ecuaciones de Maxwell, que establecen la relación entre los campos eléctricos y magnéticos y cómo estos se propagan a través del espacio. Estas ecuaciones también describen cómo las cargas eléctricas interactúan con los campos eléctricos y magnéticos y cómo se generan las ondas electromagnéticas, como la luz.

Cuestionario de repaso

Seleccione la opción correcta:

1. ¿Qué es el magnetismo?

    a. Es la capacidad de un objeto de atraer metales.
    b. Es la capacidad de un objeto de repeler metales.
    c. Es la capacidad de un objeto de atraer o repeler metales.

2. ¿Qué es un imán?

    a. Es un objeto que atrae a los metales.
    b. Es un objeto que repele a los metales.
    c. Es un objeto que atrae o repele a los metales.

3. ¿Qué es el campo magnético?

    a. Es una región del espacio donde se ejerce una fuerza magnética.
    b. Es la distancia entre dos imanes.

    c.   Es la fuerza magnética que un imán ejerce sobre otro.

4.   ¿Qué es la fuerza magnética?

    a.   Es la fuerza que ejerce un imán sobre otro imán.
    b.   Es la fuerza que ejerce un campo magnético sobre una carga eléctrica en movimiento.
    c.   Es la fuerza que ejerce un campo magnético sobre una carga eléctrica en reposo.

5.   ¿Qué es la magnetización?

    a.   Es el proceso de crear un campo magnético en un objeto.
    b.   Es el proceso de crear un imán a partir de un objeto que no lo es.
    c.   Es el proceso de crear una carga eléctrica en un objeto.

Responda si la afirmación es falsa o verdadera:

6.   El ferromagnetismo es la propiedad de ciertos materiales de ser permanentemente magnetizados.

    a.   Verdadero
    b.   Falso

7.   La ley de Lorentz (o de la mano derecha) establece la dirección de la fuerza magnética en una carga eléctrica en movimiento en un campo magnético.

    a.   Verdadero
    b.   Falso

8.   Un transformador es un dispositivo que transforma la energía mecánica en energía eléctrica.

    a.   Verdadero
    b.   Falso

9.   Un transformador es un dispositivo que transforma la tensión y corriente eléctrica en un circuito a un nivel diferente.

a. Verdadero
b. Falso

10. La ley de Lentz establece que la corriente eléctrica inducida en un circuito es proporcional a la fuerza magnética sobre la carga eléctrica en movimiento.

a. Verdadero
b. Falso

Responda la pregunta:

11. ¿Qué es el electromagnetismo?

12. ¿Qué son las odas electromagnéticas?

13. ¿Cuáles son las leyes que rigen los campos magnéticos?

14. ¿Qué establece la ley de Faraday?

15. ¿Para qué se utiliza un transformador?

Complete la afirmación con la palabra o expresión correcta:

16. El __________ es una región del espacio donde se manifiesta una fuerza magnética sobre una carga magnética en reposo.

17. El transformador funciona mediante el principio de __________, que establece que la relación entre el número de vueltas en el primario y el número de vueltas en el secundario determina la relación entre el voltaje y la corriente en ambos lados del transformador.

18. ¿Cuáles son las partículas que se mueven en los conductores eléctricos para producir un campo magnético?

19. ¿Qué ley describe la inducción electromagnética?

20. ¿Qué ley describe la dirección de la corriente inducida en una espira cuando se cambia el campo magnético que la atraviesa?

7. SISTEMAS ELÉCTRICOS DE POTENCIA

Definición

Los Sistemas Eléctricos de Potencia (SEP) son redes interconectadas de generación, transformación, transmisión y distribución de energía eléctrica. Son procesos críticos para la infraestructura moderna (industrias, empresas y hogares de todo el mundo), en los niveles de corriente, voltaje, potencia y energía que estas requieren.

En los capítulos anteriores ya hemos mencionado los equipos y componentes eléctricos que participan en el proceso de generación, transformación, transmisión y distribución de energía eléctrica, tales como turbinas, generadores, transformadores, entre otros componentes menos visibles pero siempre muy relevantes, como bobinas, capacitores, etc., ahora vamos a unirlos en un proceso integral, basados en la Figura 7-1:

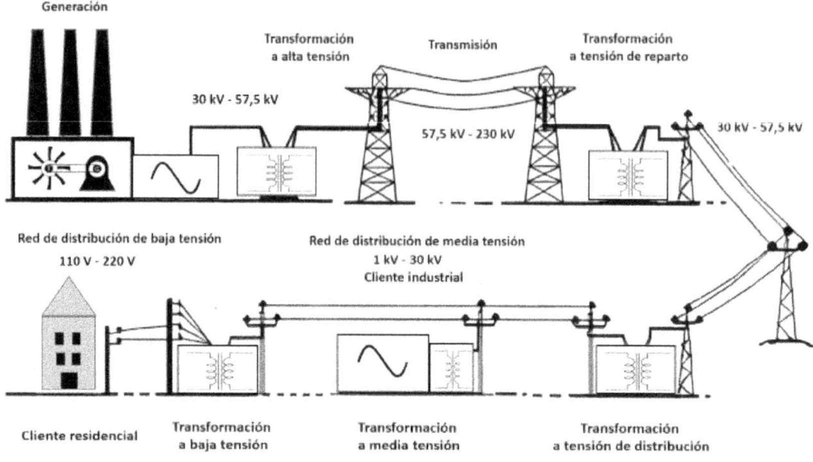

Figura 7-1. Proceso de generación, transformación, transmisión y distribución de energía eléctrica

1. **Generación**: como ya vimos, la energía eléctrica se produce en una central a través de la transformación de una fuente de energía primaria (en este caso hidroeléctrica). La energía eléctrica generada en la central se encuentra a media tensión, por lo que se requiere una transformación para transportarla a través de grandes distancias.

2. **Transformación a alta tensión**: la energía eléctrica generada a media tensión se pasa a través de transformadores elevadores. Esta transformación permite que la energía eléctrica sea transportada de manera eficiente, sin pérdidas importantes.

3. **Transmisión**: se realiza a través de líneas de transmisión a largas distancias. Estas líneas son de alta capacidad y se construyen con materiales resistentes para soportar las condiciones ambientales y la carga eléctrica.

4. **Transformación a tensión de reparto**: la energía eléctrica llega a la subestación de transformación, donde se baja la tensión de nuevo a media tensión a través de transformadores de potencia. La subestación también puede contar con otros elementos de control, como interruptores y dispositivos de protección, para garantizar la estabilidad y seguridad del sistema eléctrico.

5. **Red de reparto**: desde la subestación de transformación, la energía eléctrica se distribuye a través de la red de reparto, que es una red de líneas de media tensión que se encarga de llevar la energía eléctrica a los transformadores de distribución, ubicados en diferentes puntos de la zona a atender.

6. **Transformación a tensión de distribución**: la energía eléctrica se transforma a diferentes niveles de tensión a medida que se va acercando al cliente final. Por lo general, se transforma a niveles de entre 1 y 30 kV para la distribución en media tensión.

7. **Distribución en media tensión a cliente industrial**: la energía eléctrica se distribuye a través de líneas de media tensión a los clientes industriales, donde se utiliza para alimentar motores y equipos eléctricos.

8. **Centro de transformación a baja tensión**: para la distribución a los clientes residenciales, la energía eléctrica se transforma en un centro de transformación a baja tensión, que reduce la tensión a niveles de entre 110 y 220 voltios.

9. **Entrega a cliente residencial**: la energía se entrega a los clientes residenciales a través de líneas de baja tensión.

Los sistemas eléctricos de potencia deben ser diseñados y operados de manera segura y eficiente para garantizar la confiabilidad del suministro eléctrico. Esto incluye la gestión de la carga eléctrica, el equilibrio de la generación y la demanda, la protección contra fallas y la planificación de la expansión del sistema.

La seguridad es una consideración crítica en los sistemas eléctricos de potencia (que profundizaremos más adelante), ya que los fallos en el sistema pueden tener consecuencias graves, como apagones masivos, incendios y lesiones a las personas y animales. Por esta razón, los sistemas eléctricos de potencia están diseñados para protegerse a sí mismos y a los equipos de las fallas eléctricas.

Sistemas de transmisión y distribución

Los sistemas de transmisión y distribución de energía eléctrica son una parte esencial de los sistemas eléctricos de potencia. Son redes eléctricas, conformadas por cables que se sostienen en torres reticulares de acero, diseñadas para transportar grandes cantidades de energía (de alta, media y baja tensión) desde los puntos de generación hasta los consumidores finales, como hogares, empresas e industrias.

La transmisión se lleva a cabo a través de líneas de alta tensión, que pueden transportar grandes cantidades de energía eléctrica a través de largas distancias, hasta las subestaciones de distribución. Estas líneas están diseñadas para minimizar las pérdidas de energía, debido a la baja resistencia del cable, lo que significa que la mayoría de las líneas están hechas de aluminio o cobre, materiales con una alta conductividad eléctrica.

Las torres o postes cumplen la función de evitar el contacto de los cables con la vegetación, así como mantenerlos a una distancia segura de la población. En la Figura 7-2 se muestran dos torres de transmisión.

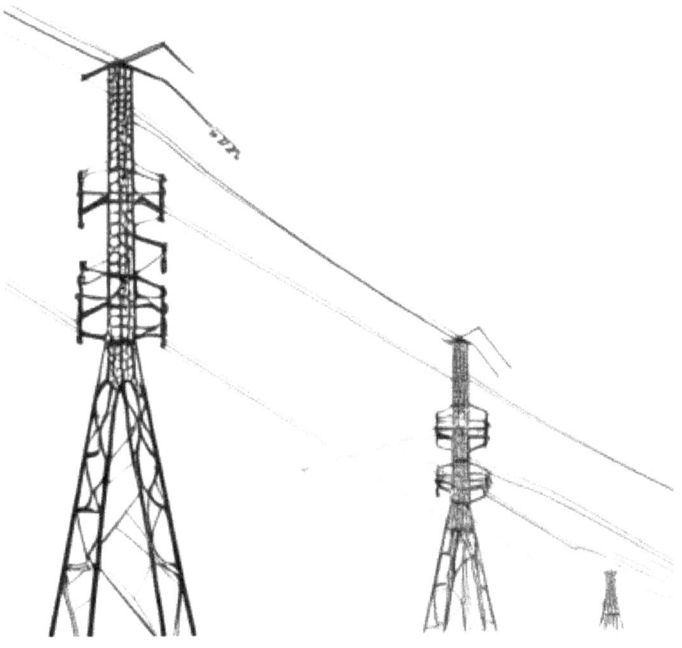

Figura 7-2. Torres de transmisión de energía eléctrica

La distribución, por su parte, se realiza a través de líneas de media y baja tensión, que conectan las subestaciones eléctricas a los consumidores finales. Estas líneas de distribución están diseñadas para transportar una menor cantidad de energía eléctrica (respecto a las de alta tensión) a distancias más cortas. La distribución también requiere de transformadores que reducen la tensión de las líneas de transmisión a niveles seguros para los consumidores.

Además de las líneas de transmisión y distribución, los sistemas eléctricos de potencia también cuentan con las subestaciones de transformación, que se utilizan para conectar diferentes líneas de transmisión y para cambiar la tensión de la energía eléctrica en los puntos de conexión. Las subestaciones de transformación también cuentan con sistemas de protección y control para garantizar la estabilidad y seguridad del sistema eléctrico.

Para cambiar la tensión es que se usan los transformadores, que elevan o reducen su nivel, para minimizar las pérdidas de energía y para adaptar la tensión a los niveles requeridos por los centros de consumo.

La eficiencia del sistema de transmisión y distribución es clave para la confiabilidad del suministro eléctrico. Para garantizar un suministro seguro y constante de energía eléctrica, los sistemas de transmisión y distribución están diseñados con redundancias y medidas de protección contra fallas, como interruptores automáticos y dispositivos de protección contra sobrecarga, que veremos más adelante

Sistemas trifásicos

El trifásico es un sistema de distribución eléctrica que utiliza tres fases de corriente alterna sinusoidales que tienen la misma frecuencia y amplitud, pero que están desplazadas entre sí por un ángulo de 120 grados. Este tipo de sistema eléctrico es utilizado en la mayoría de las redes de distribución de energía eléctrica en todo el mundo, incluyendo redes de alta y baja tensión.

La energía se genera en una central eléctrica en forma de corriente alterna trifásica, que luego se transmite a través de líneas de transmisión de alta tensión. En las subestaciones de transformación, se reduce a niveles más bajos de tensión y se distribuye a los consumidores finales.

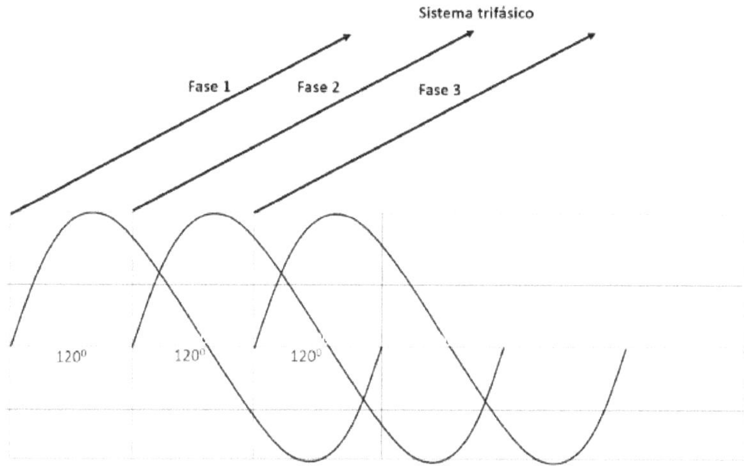

Figura 7-3. Sistema trifásico

Hay varias ventajas en el uso de sistemas trifásicos en la distribución de energía eléctrica. Una de ellas es la mayor eficiencia en la transmisión y distribución. Debido a que las corrientes alternas en un sistema trifásico están desfasadas 120 grados, las corrientes individuales se suman para producir una corriente resultante que tiene una amplitud constante. Esto reduce las pérdidas de energía debido a la resistencia de los cables, lo que a su vez reduce el costo de la transmisión y distribución de la energía.

Otra ventaja del sistema trifásico es que es más fácil de equilibrar que un sistema monofásico (que veremos a coninuación). En un sistema monofásico, la carga eléctrica debe ser distribuida de manera uniforme entre los diferentes circuitos para evitar desequilibrios. En un sistema trifásico, los desequilibrios se reducen automáticamente debido a la naturaleza de las corrientes alternas desfasadas.

Sistemas monofásicos

El monofásico es un sistema de distribución eléctrico que mueve una sola fase de corriente alterna sinusoidal que varía en magnitud y dirección con el tiempo, como se muestra en la Figura 7-4. Se utiliza en aplicaciones de baja potencia y en distribución de energía a pequeña escala, como en hogares y pequeñas empresas.

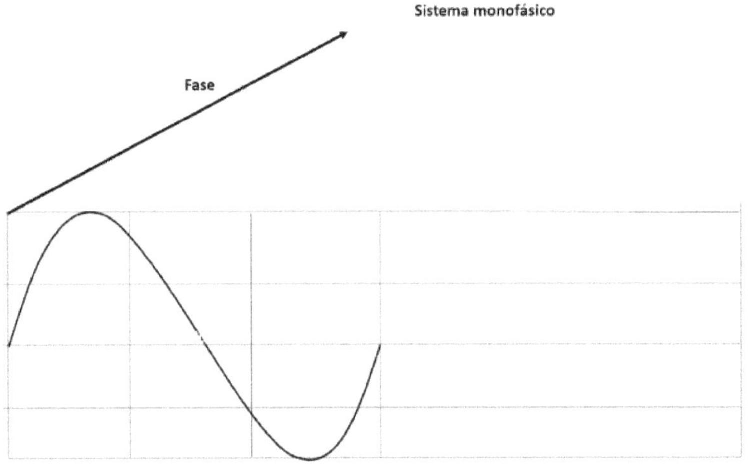

Figura 7-4. Sistema monofásico

En un sistema monofásico, la energía eléctrica se genera en una central eléctrica en forma de corriente alterna monofásica, luego se transmite a través de líneas de transmisión de baja tensión. En las subestaciones de transformación, la energía se reduce a niveles más bajos para distribuirse a los consumidores finales.

A diferencia de los sistemas trifásicos, estos tienen varias desventajas. La principal es que debido a que la corriente en un sistema monofásico varía en magnitud y dirección con el tiempo, se produce una fluctuación en la potencia entregada a la carga, lo que puede afectar la eficiencia de los equipos eléctricos y electrónicos que la utilizan, reduciendo así su vida útil.

Otra desventaja de este sistema es que no es tan eficiente como el sistema trifásico en la transmisión y distribución. Ya que solo hay una fase, no se puede aprovechar el efecto de suma de las corrientes, lo que aumenta las pérdidas de energía debido a la resistencia del cable.

Conversión energía trifásica a monofásica

La conversión de energía trifásica a energía monofásica es un proceso común. Esto se hace con el fin de utilizar equipos eléctricos y electrónicos que requieren energía eléctrica monofásica en sectores donde solo llega energía triásica. Ver Figura 7-5.

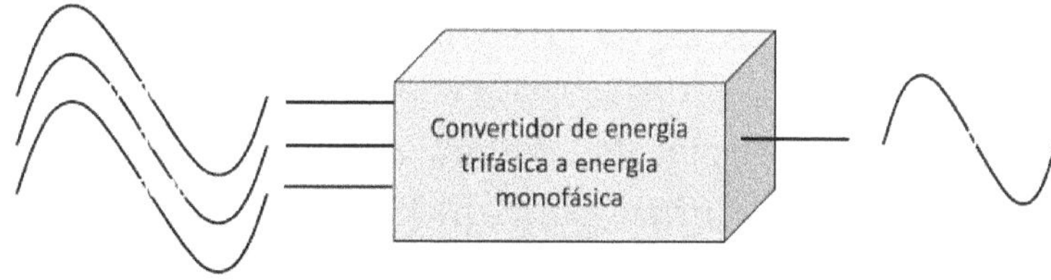

Figura 7-5. Convertidor energía eléctrica trifásica a monofásica

Existen varias formas de hacer esta conversión. Una de las formas más comunes es mediante el uso de un transformador trifásico que tiene una conexión secundaria monofásica.

El transformador se utiliza para reducir la tensión de las tres fases y proporcionar una conexión monofásica secundaria que se utiliza para alimentar el equipo eléctrico y electrónico que requiere energía monofásica.

Otra forma común de convertir energía trifásica a energía monofásica es mediante el uso de dispositivos electrónicos como los convertidores de frecuencia. Estos realizan la conversión mediante el uso de circuitos electrónicos que controlan la fase y la frecuencia de la corriente eléctrica. Algo especialmente útil en aplicaciones donde se necesita controlar la velocidad de los motores y otros equipos eléctricos.

Es importante destacar que la conversión de energía trifásica a energía monofásica puede provocar ciertas limitaciones en el rendimiento de los equipos eléctricos y electrónicos. Algunos equipos, los motores entre ellos, pueden perder parte de su eficiencia en la conversión, debido a los procesos de transformación. Por lo tanto, es importante considerar cuidadosamente las limitaciones y el rendimiento de los equipos antes de recurrir a esta conversión de energía.

Conversión energía monofásica a trifásica

La conversión de energía eléctrica monofásica a energía trifásica es un proceso que se utiliza para alimentar equipos eléctricos y dispositivos electrónicos que requieren energía eléctrica trifásica en lugares donde solo hay energía monofásica, ver Figura 7-6.

La forma más común de convertir energía eléctrica monofásica en energía eléctrica trifásica es mediante el uso de un convertidor estático. Estos son dispositivos electrónicos que controlan la fase y la frecuencia de la corriente eléctrica.

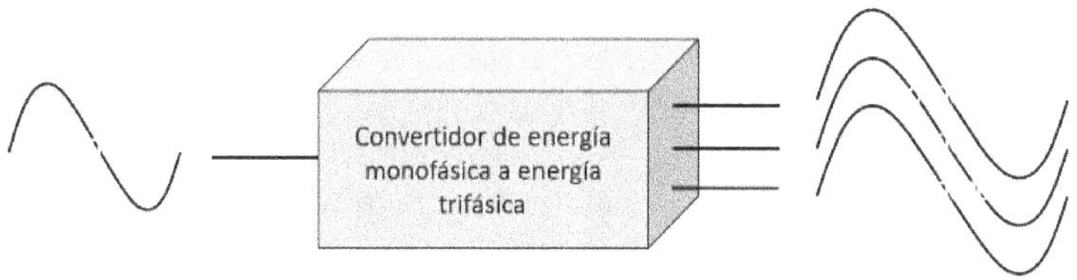

Figura 7-6. Convertidor energía eléctrica monofásica a trifásica

Otra forma de convertir la energía eléctrica monofásica en energía eléctrica trifásica es mediante el uso de un motor eléctrico monofásico, el cual no puede funcionar directamente con energía eléctrica trifásica, pero se puede utilizar para generar una forma de energía eléctrica trifásica (a partir de energía eléctrica monofásica) mediante el uso de un condensador trifásico y un sistema de conmutación que controla la secuencia de la corriente eléctrica.

Como en el caso anterior, se deben mencionar las limitaciones de este tipo de conversión, ya que el rendimiento de los equipos eléctricos y electrónicos puede disminuir considerablemente. Esto debido a las pérdidas en los convertidores estáticos o en los sistemas de conmutación utilizados para la conversión.

Cuestionario de repaso

Responda la pregunta:

1. ¿Qué es un sistema de transmisión y distribución de energía eléctrica?

2. ¿Cuál es la diferencia entre un sistema trifásico y un sistema monofásico?

3. ¿Qué ventajas tiene el uso de sistemas trifásicos en la transmisión y distribución de energía eléctrica?

4. ¿Por qué es necesaria la conversión de energía trifásica en energía monofásica y viceversa?

5. ¿Qué equipos se utilizan para realizar la conversión de energía trifásica en energía monofásica y viceversa?

Seleccione la opción correcta:

6. ¿Cuál es la definición de sistemas de transmisión y distribución de energía eléctrica?
    a. Equipos utilizados para generar energía eléctrica
    b. Infraestructura utilizada para llevar la energía eléctrica desde la central generadora hasta el consumidor final
    c. Herramientas utilizadas para medir la energía eléctrica consumida por un hogar o negocio
    d. Dispositivos utilizados para almacenar energía eléctrica

7. ¿Cuál es la principal diferencia entre un sistema trifásico y un sistema monofásico?
    a. La cantidad de fases
    b. La frecuencia de la corriente eléctrica
    c. La tensión de la corriente eléctrica
    d. El tipo de corriente eléctrica utilizada

8. ¿Qué ventaja ofrece el uso de sistemas trifásicos en la transmisión y distribución de energía eléctrica?
    a. Mayor seguridad para el personal que trabaja en la red eléctrica
    b. Mayor eficiencia en la transmisión y distribución de energía eléctrica
    c. Mayor calidad de la energía eléctrica suministrada al consumidor final
    d. Menor costo de los equipos utilizados en la red eléctrica

9. ¿Por qué es necesaria la conversión de energía trifásica en energía monofásica y viceversa?

a. Para reducir la cantidad de energía eléctrica consumida por un hogar o negocio
b. Para adaptar la energía eléctrica suministrada por la red eléctrica a las necesidades de los consumidores
c. Para aumentar la cantidad de energía eléctrica suministrada por la red eléctrica
d. Para reducir la cantidad de equipos necesarios en la red eléctrica

10. ¿Qué equipos se utilizan para realizar la conversión de energía trifásica en energía monofásica y viceversa?
a. Transformadores y rectificadores
b. Inversores y cargadores
c. Capacitores y bobinas
d. Interruptores y fusibles

Responda si la afirmación es falsa o verdadera:

11. La definición de sistemas de transmisión y distribución de energía eléctrica se refiere a los equipos utilizados para generar energía eléctrica.
a. Falso
b. Verdadero

12. Los sistemas trifásicos tienen una frecuencia de corriente eléctrica mayor que los sistemas monofásicos.
a. Falso
b. Verdadero

13. El uso de sistemas trifásicos en la transmisión y distribución de energía eléctrica ofrece una mayor eficiencia.
a. Falso
b. Verdadero

14. La conversión de energía trifásica en energía monofásica y viceversa es necesaria para reducir la cantidad de equipos necesarios en la red eléctrica.
a. Falso
b. Verdadero

15. Los equipos utilizados para realizar la conversión de energía trifásica en energía monofásica y viceversa son transformadores y rectificadores.
    a. Falso
    b. Verdadero

Complete con la palabra o expresión que corresponda:

16. La ________________ de sistemas de transmisión y distribución de energía eléctrica se refiere a la infraestructura utilizada para llevar la energía eléctrica desde la central generadora hasta el consumidor final.

17. En los sistemas trifásicos, la corriente eléctrica se divide en ________________ fases.

18. Los sistemas monofásicos utilizan una sola ________________ de corriente eléctrica.

19. La conversión de energía trifásica en energía monofásica se utiliza para adaptar la energía eléctrica suministrada por la red eléctrica a las necesidades de los ________________.

20. La conversión de energía monofásica en energía trifásica se utiliza para aumentar la cantidad de energía eléctrica suministrada por la red eléctrica y reducir los costos de los ________________.

8. CONTROL DE SISTEMAS ELÉCTRICOS

Definición

El control de sistemas eléctricos es una disciplina importante de la ingeniería eléctrica, que se ocupa de regular el funcionamiento de los sistemas eléctricos para garantizar su eficiencia, seguridad y fiabilidad. El control se puede lograr utilizando diversos dispositivos y técnicas, entre otros, los basados en tiristores, que con frecuencia se conocen como electrónica industrial.

Tiristores

Los tiristores son dispositivos semiconductores que se utilizan para controlar la corriente eléctrica en circuitos de alta potencia. Normalmente tienen tres terminales: ánodo, cátodo y compuerta, como se muestra en la Figura 8-1 (a) y (c), y se activan mediante la aplicación de un impulso de corriente en dicha compuerta. Una vez activado el tiristor, permite que la corriente fluya desde el ánodo hasta el cátodo, y permanece en ese estado hasta que se interrumpe la corriente a través del circuito. Es decir, funciona como un corto circuito (en estado activo) o como un ciruito abierto (en estado inactivo), como se indica en la Figura 8-1 (b).

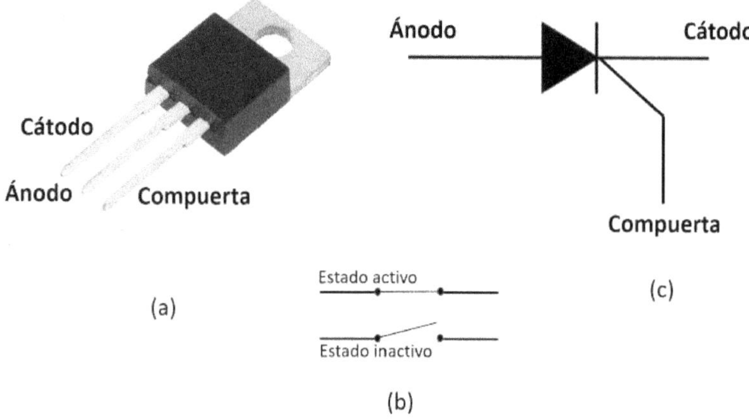

Figura 8-1 (a) Forma genérica de un tiristor, (b) Comportamiento de un tiristor, y (c) Símbolo de un tiristor

Dopificación

Un proceso muy importante que se utiliza para la fabricación de los tiristores es la *dopificación*. Mediante este, de forma controlada se añaden impurezas a los materiales semiconductores que componen el dispositivo. Estas impurezas, también conocidas como *dopantes*, son átomos de otro elemento químico que modifican las propiedades eléctricas del semiconductor. El tipo y la cantidad de dopantes que se agregan a las diferentes capas del tiristor determinan la conductividad, la corriente de fuga, la tensión de ruptura y la corriente de mantenimiento del dispositivo.

1. **Conductividad**: es la capacidad del elemento de conducir corriente eléctrica.

2. **Corriente de fuga:** es la cantidad de corriente eléctrica que fluye a través del tiristor cuando este debería estar apagado.

3. **Tensión de ruptura**: es la cantidad máxima de voltaje que el tiristor puede soportar antes de que se dañe.

4. **Corriente de mantenimiento**: es la corriente mínima necesaria para mantener el tiristor en su estado encendido.

En general, se utilizan dos tipos de dopantes en la fabricación de tiristores: impurezas tipo P e impurezas tipo N. Las impurezas tipo P, como el boro, se agregan a la región tipo N para crear una barrera de unión. Por otro lado, las impurezas tipo N, como el fósforo, se agregan a la región tipo P para aumentar su conductividad.

El proceso de dopificación es crítico en la fabricación, no solo de tiristores, sino, en general, de los dispositivos electrónicos. Una dopificación incorrecta puede causar fallas en el dispositivo y puede afectar su desempeño. Por lo tanto, es importante llevar a cabo el proceso de dopificación de manera precisa y controlada para garantizar la calidad y la fiabilidad del dispositivo.

Terminología

La terminología de los tiristores puede variar en función del fabricante o de la región geográfica. Aunque hay algunos términos estándar que se utilizan en todo el mundo, algunos fabricantes pueden utilizar términos diferentes para referirse a lo mismo.

Por ejemplo, el término SCR se utiliza comúnmente para referirse a los Rectificadores Controlados de Silicio, pero también puede utilizarse para hacer referencia a cualquier tipo de tiristor. De igual manera, el término TRIAC se utiliza a menudo para hacer referencia a cualquier tiristor que pueda ser activado en ambas direcciones de la corriente, aunque técnicamente se refiere a un tipo específico de tiristor de tres terminales.

Otro ejemplo de terminología variable es el uso de expresiones como «ánodo» y «cátodo», pues algunos fabricantes o estudiosos del tema a menudo utilizan «ánodo 1» y «ánodo 2» para referirse a los terminales de los tiristores; algo similar ocurre con los términos «compuerta» o «puerta» o «gate», para referirse a la terminal de control en los tiristores; incluso, al analizar la composicón por capas de los tiristores, con frecuencia aparecen los dispositivos de tres, cuatro y hasta cinco capas. Aunque en algunos países y para algunos fabricantes los términos son intercambiables y todos son correctos, para los usuarios puede resultar confuso encontrar tantos términos diferentes.

Para subsanar la dificultad que eventualmente puede plantear la terminología, es fundamental tener en cuenta que, aunque esta puede variar, los tiristores tienen especificaciones y características técnicas definidas, que deben ser comprendidas para su correcto uso. Por lo tanto, es vital tener en cuenta tanto la terminología como las especificaciones técnicas y el funcionamiento cuando se trabaja con tiristores.

Operación de los tiristores en CA y en CD

Ahora bien, el funcionamiento de los tiristores varía dependiendo de si se utilizan en corriente alterna (CA) o corriente directa (CD).

En corriente alterna, los tiristores se utilizan como interruptores controlados por fase. Esto significa, como ya vimos, que se activan durante un cierto período de tiempo en cada ciclo de la señal de corriente alterna. Una aplicación en este modo es retrasar el encendido de la corriente en una carga resistiva, inductiva o capacitiva, controlando así la cantidad de energía que fluye a través del circuito. En general, los tiristores en CA se utilizan en aplicaciones de alta potencia, como el control de motores, la iluminación de alta intensidad y la regulación de energía en la red eléctrica.

En corriente directa, los tiristores se utilizan como interruptores de corriente directa, que permiten controlar la cantidad de energía que fluye a través de un circuito. En este caso, se utilizan como dispositivos de conmutación para controlar la alimentación de la carga, como motores o resistencias en circuitos de CD. Se utilizan en aplicaciones de baja y alta potencia, como controladores de motor, iluminación de baja potencia y electrónica de potencia en general.

Tipos de tiristores

Existen diferentes tipos de tiristores, cada uno con sus características específicas, que dependen de la composición de sus capas y de la dopificación que se les ha aplicado. Algunos de los más utilizados son los siguientes:

El SCR (Rectificador Controlado de Silicio)

Es un tipo de diodo de cuatro capas que permite la conducción de corriente eléctrica en una sola dirección, pero solo cuando se aplica un pulso de tensión adecuado en la tercera capa, o compuerta, en cuyo caso, el SCR cambia de un estado de bloqueo a un estado de conducción, permitiendo que la corriente fluya a través del dispositivo. En la Figura 8-2 se pueden apreciar (a) la composición por capas y (b) el símbolo del SCR.

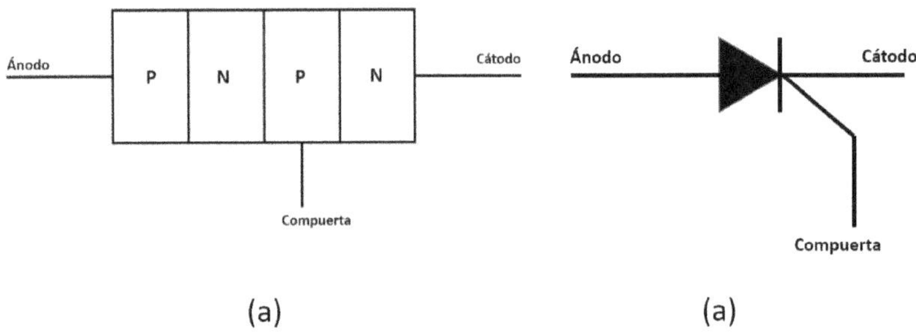

Figura 8-2.Composición por capas del SCR

El SCR se utiliza para controlar el flujo de corriente eléctrica en circuitos de corriente alterna (CA), también en circuitos de control de potencia, como reguladores de voltaje, controladores de velocidad de motores y sistemas de control de temperatura. Y en la electrónica de alta potencia, como convertidores de energía, inversores y rectificadores.

Es importante tener en cuenta que el SCR es un dispositivo de corriente directa (CD), por lo que se requieren circuitos adicionales para rectificar y filtrar la corriente alterna antes de que se pueda aplicar al SCR. Además, debido a su naturaleza de conducción unidireccional, no es adecuado para aplicaciones que requieren la conmutación rápida de corriente en ambas direcciones.

DIAC (Diodo de Corriente Alterna)

Es un dispositivo semiconductor que se utiliza en circuitos electrónicos de control de potencia para controlar la corriente eléctrica que fluye por un circuitos de corriente alterna.

A diferencia de la generalidad de los tiristores, el DIAC cuenta solo con dos terminales y actúa como una llave de encendido-apagado para la corriente. Se compone de dos diodos en paralelo y configurados en sentido opuesto, como se muestra en la Figura 8-3 (b).

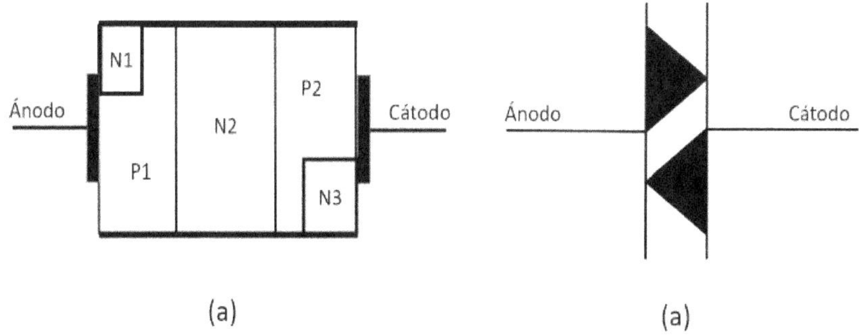

Figura 8-3 (a) Composición por capas, (b) símbolo del DIAC

Como se aprecia en la Figura 8-3 (a), el DIAC cuenta con tres capas y dos terminales. Las capas superior e inferior contienen tanto materiales N como P. Se considera una estructura PNPN con las mismas características de un diodo de cuatro capas.

El voltaje de umbral del DIAC es aquel a partir del cual el dispositivo conduce en ambas direcciones; si el voltaje aplicado es inferior al voltaje de umbral, el dispositivo tiene una alta impedancia y no conduce.

El DIAC se utiliza a menudo en aplicaciones de disparo de tiristores, como el TRIAC (que veremos a continuación). Cuando se aplica una corriente de disparo a la compuerta de un TRIAC a través de un DIAC, el TRIAC se activa y permite que la corriente alterna fluya a través del circuito. De esta manera, el DIAC se utiliza para controlar la corriente alterna y ajustar la intensidad de la señal en un circuito.

Puede ser utilizado en circuitos de control de temperatura, circuitos de iluminación y otros dispositivos eléctricos, donde se requiere una regulación precisa de la corriente y el voltaje.

El TRIAC (Triodo de Corriente Alterna)

El TRIAC es como un DIAC, con una terminal de compuerta. Un TRIAC puede ser disparado por un pulso de corriente en la compuerta y no requiere voltaje de umbral para iniciar la conducción, como el DIAC. También se puede pensar en él como dos SCR conectados en paralelo, en direcciones opuestas, con una terminal común, que es la compuerta. Sin embargo, a diferencia del SCR, el TRIAC puede conducir corriente en una u otra dirección cuando es activado, según la polaridad del voltaje a través de sus terminales. La Figura 8-5 muestra (a) la composición por capas del TRIAC, y (b) el símbolo del TRIAC.

El TRIAC se utiliza para la regulación de voltaje en circuitos de control de potencia, circuitos de iluminación y motores de velocidad variable.

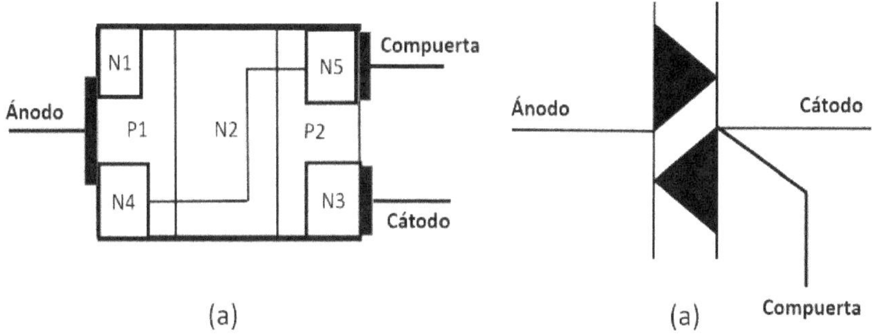

Figura 8-4 (a) Composición por capas, (b) símbolo del TRIAC

En circuitos de iluminación, por ejemplo, se puede utilizar para controlar la intensidad de la luz mediante la variación de la cantidad de corriente que fluye a través de una bombilla. En motores de velocidad variable, se utiliza para controlar la velocidad del motor mediante la regulación de la cantidad de corriente que fluye a través de él.

Protección de sistemas eléctricos

La protección de sistemas eléctricos es una parte importante del diseño y la operación de cualquier sistema eléctrico. Se refiere a la protección de los equipos y sistemas eléctricos contra daños y fallas que puedan ocurrir debido a sobrecargas, cortocircuitos, fallas a tierra, entre otros.

Se logra mediante el uso de dispositivos de protección eléctrica, tales como interruptores automáticos, relés de protección, fusibles y dispositivos de desconexión. Estos dispositivos detectan y desconectan automáticamente cualquier falla o sobrecarga en el sistema para evitar daños a los equipos y a las personas.

Las fallas a tierra, por ejemplo, pueden ser peligrosas para las personas y pueden causar daños en los equipos eléctricos. Los dispositivos de protección contra fallas a tierra, como los interruptores diferenciales, detectan y desconectan automáticamente cualquier falla a tierra en el sistema eléctrico.

La protección de sistemas eléctricos también incluye la protección contra sobretensiones y fluctuaciones de voltaje. Los dispositivos de protección en este caso se utilizan para proteger los equipos eléctricos contra las sobretensiones que pueden ocurrir debido a tormentas eléctricas o fallas en la red. Los dispositivos de protección contra fluctuaciones de voltaje, como los reguladores de voltaje, se utilizan para proteger los equipos eléctricos contra las fluctuaciones de voltaje que pueden dañarlos.

Es importante destacar que la protección de sistemas eléctricos es un proceso continuo que requiere mantenimiento y pruebas periódicas para asegurarse de que los dispositivos de protección estén funcionando correctamente, y para asegurar la confiabilidad y la eficiencia del sistema eléctrico.

Dispositivos de desconexión

Los dispositivos de desconexión son componentes eléctricos diseñados para desconectar automáticamente la corriente eléctrica en caso de una situación de emergencia o fallo en el sistema. Estos dispositivos son vitales para la seguridad y protección de los equipos y de las personas que trabajan con ellos.

Existen diferentes tipos de dispositivos de desconexión, cada uno diseñado para una aplicación específica. Aquí hay algunos ejemplos comunes:

Interruptores automáticos

Los interruptores automáticos, también conocidos como interruptores termomagnéticos, son dispositivos eléctricos que se utilizan para proteger los circuitos eléctricos y los equipos conectados a ellos contra sobrecargas y cortocircuitos.

Estos interruptores son diferentes de los interruptores convencionales en el sentido de que pueden detectar automáticamente las condiciones de sobrecarga y cortocircuito en el circuito y desconectar la corriente eléctrica de manera rápida y segura para evitar daños o incendios.

Los interruptores automáticos funcionan mediante un mecanismo de disparo térmico y magnético. El mecanismo térmico detecta el aumento de temperatura causado por una sobrecarga en el circuito y desconecta automáticamente el circuito antes de que la sobrecarga pueda dañar el equipo. El mecanismo magnético, por otro lado, detecta la corriente excesiva causada por un cortocircuito y desconecta el circuito inmediatamente.

Estos interruptores se utilizan ampliamente en instalaciones eléctricas de todo tipo, desde pequeñas aplicaciones residenciales hasta grandes instalaciones industriales y comerciales. Son muy confiables y fáciles de mantener, y su capacidad para detectar y desconectar automáticamente los circuitos defectuosos los convierte en una opción popular para la protección eléctrica.

Relés de protección

Un relé de protección es un dispositivo eléctrico que se utiliza para proteger equipos y sistemas eléctricos de posibles fallas o sobrecargas eléctricas. Se activan cuando detectan una condición anormal en el sistema, como una sobrecarga de corriente, una falla de tierra, una pérdida de voltaje, entre otros. Una vez activados, estos interrumpen el suministro de energía al equipo o sistema protegido, evitando posibles daños o accidentes.

Los relés de protección se componen de varias partes, incluyendo un núcleo magnético, un conjunto de contactos eléctricos y un mecanismo de activación. El núcleo magnético se utiliza para detectar las corrientes eléctricas y transformarlas en señales eléctricas que pueden activar el mecanismo de activación del relé. Los contactos eléctricos se utilizan para interrumpir el suministro de energía al equipo o sistema protegido cuando se activa el relé.

Existen diferentes tipos de relés de protección, cada uno diseñado para proteger equipos y sistemas eléctricos de diferentes tipos de fallas y sobrecargas. Algunos ejemplos de relés de protección comunes incluyen relés de sobrecarga térmica, relés de falla de tierra, relés de protección de secuencia de fase, relés de protección de bajo voltaje, entre otros.

Fusibles

Son dispositivos de desconexión que se utilizan para proteger los circuitos eléctricos contra sobrecargas y cortocircuitos.

Cuando se produce una sobrecarga o un cortocircuito, el fusible se funde, desconectando la corriente eléctrica. Igual a como ya vimos en el capítulo de electrónica.

Interruptores de circuito de tierra

Se utilizan para proteger contra fallas a tierra en los sistemas eléctricos. Si se detecta una falla a tierra, el interruptor desconecta automáticamente la corriente eléctrica.

Interruptores de seguridad

Se utilizan para desconectar la corriente eléctrica en situaciones de emergencia, como un incendio o una inundación.

Interruptores de aire

Estos dispositivos se utilizan en sistemas de alta tensión para desconectar la corriente eléctrica en caso de un fallo en el sistema.

Cuestionario de repaso

Responda la pregunta:

1. ¿Qué es un tiristor y cuál es su función en un circuito eléctrico?

2. ¿Qué significa el término «dopificación» en relación a los materiales semiconductores utilizados en los tiristores?

3. ¿Cuáles son los tipos principales de tiristores y en qué se diferencian?

4. ¿Cómo funciona un SCR y para qué se utiliza comúnmente?

5. ¿Cuál es la diferencia entre un DIAC y un TRIAC y en qué aplicaciones se

utiliza cada uno?

Seleccione la opción correcta:

6. ¿Cuál es la definición de un tiristor?
    a. Un dispositivo que controla el flujo de corriente eléctrica.
    b. Un dispositivo que almacena energía eléctrica.
    c. Un dispositivo que genera electricidad a partir de la luz solar.

7. ¿Qué es la dopificación en los materiales semiconductores utilizados en los tiristores?
    a. La adición de impurezas para modificar las propiedades eléctricas del material.
    b. El proceso de fabricación de los materiales semiconductores.
    c. La medición de la conductividad eléctrica de los materiales semiconductores.

8. ¿Cuál es la función de los tiristores en los sistemas de corriente alterna (CA)?
    a. Controlar el flujo de corriente en una sola dirección.
    b. Controlar el flujo de corriente en ambas direcciones.
    c. Convertir la corriente alterna en corriente directa.

9. ¿Qué dispositivo de protección se utiliza comúnmente en los sistemas eléctricos para proteger contra sobrecargas de corriente?
    a. Fusibles.
    b. Interruptores de aire.
    c. Interruptores automáticos.

10. ¿Cuál es la función de los relés de protección en los sistemas eléctricos?
    a. Desconectar el sistema en caso de fallo.
    b. Controlar la cantidad de corriente que fluye en el sistema.
    c. Proteger el sistema contra descargas eléctricas.

Responda si la afirmación es falsa o verdadera:

11. Los tiristores son dispositivos que controlan el flujo de corriente eléctrica.
    a. Verdadero
    b. Falso

12. La dopificación es el proceso de fabricación de los materiales semiconductores utilizados en los tiristores.
    a. Verdadero
    b. Falso

13. Los tiristores solo pueden utilizarse en sistemas de corriente alterna.
    a. Verdadero
    b. Falso

14. Los fusibles son dispositivos que protegen los sistemas eléctricos contra sobrecargas de corriente.
    a. Verdadero
    b. Falso

15. Los interruptores automáticos son dispositivos de protección que se utilizan comúnmente en sistemas eléctricos.
    a. Verdadero
    b. Falso

Complete con la palabra o expresión que corresponda:

16. La dopificación es el proceso de introducir impurezas en un material semiconductor para modificar sus propiedades eléctricas, convirtiéndolo en un material con características __________.

17. Los interruptores automáticos son dispositivos que protegen los sistemas eléctricos contra sobrecargas de corriente y cortocircuitos, y se activan automáticamente cuando la corriente eléctrica excede cierto __________.

18. El DIAC es un dispositivo semiconductor que se utiliza en circuitos de corriente alterna para permitir el paso de corriente en ambos sentidos cuando se supera un cierto __________.

19. El TRIAC es un dispositivo semiconductor que se utiliza en circuitos de corriente alterna para controlar el flujo de corriente mediante la aplicación de una señal de __________.

20. Los relés de protección son dispositivos que detectan condiciones anormales en los sistemas eléctricos y activan un circuito de __________ para desconectar la fuente de energía en caso de una falla.

9. INSTRUMENTOS DE MEDIDA

Voltímetro

El voltímetro se compone de una pantalla de lectura, dos terminales de medición y una fuente de alimentación interna. Los terminales se conectan a los puntos entre los cuales se desea medir la diferencia de potencial, con lo que el voltímetro muestra la medición en unidades de voltios (V). Los voltímetros pueden ser analógicos o digitales, y algunos modelos pueden medir voltajes de hasta varios kilovoltios. En la Figura 9-1 se muestra la forma de conectar un voltímetro.

Es importante tener en cuenta que al medir la diferencia de potencial en un circuito, si el voltímetro no se conecta en paralelo con el componente al que se le quiere medir el voltaje, sino en serie, la medición podría no ser precisa o el voltímetro podría dañarse.

El voltímetro es una herramienta de medición esencial en la industria eléctrica y electrónica, ya que además de permitir medir el voltaje de los componentes y circuitos eléctricos, también permite verificar su funcionamiento y detectar problemas de conexión o fallas. Sin embargo, es importante seguir las instrucciones del fabricante y tomar precauciones de seguridad al utilizar un voltímetro, ya que trabajar con electricidad puede ser peligroso, como lo hemos reiterado a lo largo de este libro.

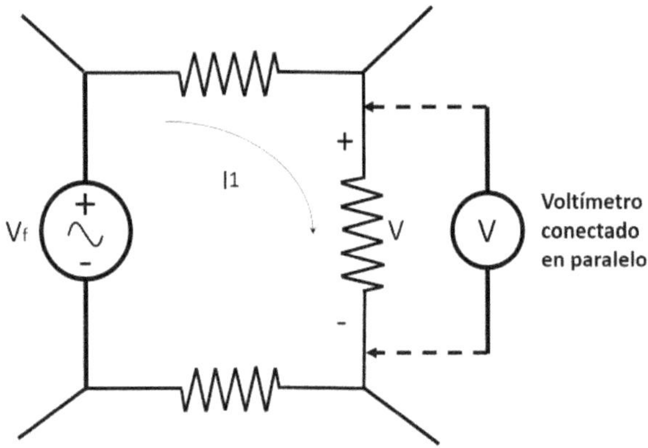

Figura 9-1. Forma de conectar un voltímetro

Amperímetro

Un amperímetro es un instrumento de medición utilizado para medir la corriente eléctrica que fluye a través de un componente o un circuito. El equipo se conecta en serie con el componente o circuito que se desea medir y mide la corriente eléctrica que fluye a través del circuito en amperios. En la Figura 9-2 se muestra la forma de conexión de un amperímetro en un circuito.

El amperímetro se compone de una pantalla de lectura, dos terminales de medición y una fuente de alimentación interna.

Puede ser análogo o digital, y puede medir corrientes eléctricas desde los micro o miliamperios hasta varios amperios.

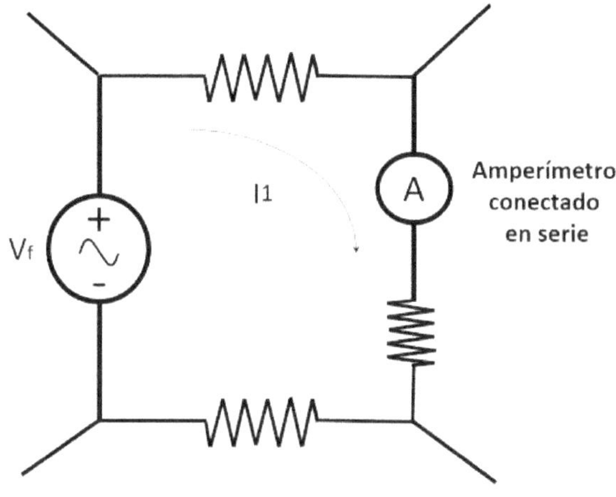

Figura 9-2. Forma de conectar un amperímetro

Es importante tener en cuenta que al medir la corriente eléctrica en un circuito, es necesario conectar el amperímetro en serie con el componente o circuito que se desea medir. Si se conecta en paralelo, la medición podría no ser precisa o el amperímetro podría dañarse.

Óhmetro

Un óhmetro es un instrumento de medición utilizado para medir la resistencia eléctrica de un componente o circuito eléctrico. El óhmetro funciona mediante la aplicación de una corriente eléctrica conocida al componente, y midiendo la caída de tensión que se produce a través del mismo. A partir de esta medición se puede calcular la resistencia eléctrica del componente utilizando la ley de Ohm (R=V/I). Este cálculo lo realiza internamente el aparato.

El óhmetro se compone de una pantalla de lectura, dos terminales de medición y una fuente de alimentación interna. Los terminales se conectan a los extremos del componente o circuito que se desea medir, y el óhmetro muestra la resistencia eléctrica en unidades de ohmios (Ω). Es importante tener en cuenta que para medir la resistencia eléctrica de un componente o circuito, es necesario desconectar la fuente de alimentación y asegurarse de que el componente no tenga carga eléctrica. De lo contrario, el óhmetro podría sufrir daños o la medición podría no ser precisa. En la Figura 9-3 se muestra la forma de medir una resistencia con un óhmetro. Los óhmetros pueden ser análogos o digitales, y algunos modelos pueden medir resistencias de hasta varios megaohmios.

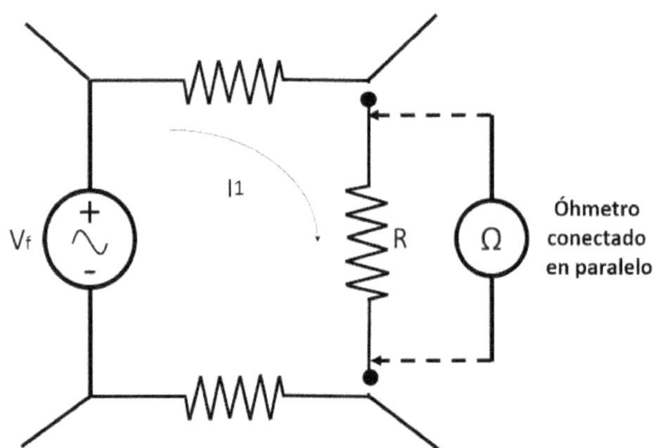

Figura 9-3. Forma de medir una resistencia on un óhmetro

Como en el caso del voltímetro y el amperímetro, el óhmetro es una herramienta de medición esencial para el electricista, ya que no solo permite medir la resistencia de los componentes y circuitos eléctricos, sino también verificar su funcionamiento y detectar problemas de conexión o fallas. De nuevo, es importante seguir las instrucciones del fabricante y tomar precauciones de seguridad al utilizar un óhmetro, ya que trabajar con electricidad puede ser peligroso.

Multímetro

Un multímetro, también conocido como voltímetro-amperímetro-óhmetro, es una herramienta de medición eléctrica que se utiliza para medir la corriente, el voltaje y la resistencia en un circuito eléctrico. Es esencial para los técnicos, ingenieros y aficionados que trabajan con electricidad.

Como en los equipos ya vistos, el multímetro consta de una pantalla digital (también puede ser análoga) que muestra las mediciones, y de dos cables con sondas que se conectan al circuito eléctrico para medir la corriente, el voltaje o la resistencia. La mayoría de los multímetros tienen una perilla de selección que permite al usuario escoger la medición que desea realizar, es decir, voltios, amperios u ohmios.

Cabe anotar que el aspecto físico de un multímetro es muy similar al de un voltímetro, también al de un amperímetro y al de un óhmetro, tanto en su presentación análoga como en su presentación digital, con la diferencia de que un multímetro tiene la capacidad de realizar todas las mediciones (voltaje, corriente o resistencia), una a la vez, en tanto que el votímetro solo mide voltaje, el amperímetro solo mide corriente y el óhmetro solo mide reistencia. En la Figura 9-4 se muestra el aspecto físico de un multímetro. Obsérvese la perilla se selección, la cual es muy importante que apunte al rango de medida que se quiere realizar para evitar daños al equipo o medidas imprecisas.

Figura 9-4. Apariencia de un multímetro

Pinza amperimétrica

Una pinza amperimétrica es un tipo de instrumento de medición utilizado para medir la corriente eléctrica que fluye a través de un conductor, sin necesidad de interrumpir el circuito. La pinza amperimétrica se compone de una mandíbula que se abre y se cierra alrededor del conductor, y un medidor que muestra la medición de corriente eléctrica. Obsérvese el aspecto de este aparato en la Figura 9-5.

La pinza amperimétrica funciona mediante el principio de inducción electromagnética. Cuando se coloca alrededor del conductor, se crea un campo magnético que es proporcional a la corriente eléctrica que fluye a través del mismo. La pinza detecta este campo magnético y lo convierte en una medición de corriente eléctrica que se muestra en la pantalla del medidor.

Las pinzas amperimétricas pueden medir corrientes eléctricas de hasta varios cientos de amperios. Algunas también pueden medir voltajes y resistencias eléctricas. Las pinzas amperimétricas son ampliamente utilizadas en la industria eléctrica y electrónica, en aplicaciones como el mantenimiento y la solución de problemas en sistemas eléctricos y electrónicos.

Figura 9-5. Aspecto de una piza amperimétrica

Las pinzas amperimétricas deben ser calibradas y probadas regularmente para garantizar su precisión y deben seguirse todas las precauciones de seguridad necesarias al trabajar con ella.

Wattímetro

Un wattímetro es un instrumento de medición utilizado para medir la potencia eléctrica consumida por un componente o circuito eléctrico. Este aparato se compone de una pantalla de lectura, dos terminales de medición y una fuente de alimentación interna. Los terminales se conectan en serie con el componente o circuito que se desea medir y el wattímetro mide la corriente eléctrica y la diferencia de potencial eléctrico a través del circuito, para luego calcular la potencia eléctrica consumida.

El wattímetro puede ser utilizado para medir tanto la potencia eléctrica activa (medida en vatios) como la potencia eléctrica reactiva (medida en voltamperios reactivos o VAR). La potencia eléctrica reactiva es la cantidad de energía eléctrica que se almacena en un circuito y se devuelve al suministro eléctrico en lugar de ser consumida por el componente o circuito.

Medidor de energía

Un medidor de energía, también conocido como medidor de consumo eléctrico o medidor de electricidad, es un dispositivo utilizado para medir la cantidad de energía eléctrica consumida en un hogar o edificio. El medidor de energía es propiedad de la compañía eléctrica y se utiliza para facturar el consumo de energía eléctrica a los clientes.

Este equipo mide la corriente eléctrica que fluye a través de un circuito y la multiplica por la diferencia de potencial (voltaje) para obtener la potencia eléctrica consumida. La potencia eléctrica consumida se mide en kilovatios-hora (kWh), que es la cantidad de energía eléctrica consumida en una hora a una tasa de un kilovatio.

Los medidores de energía se han vuelto cada vez más sofisticados, con muchos modelos que ofrecen funciones adicionales, como medición de la calidad de la energía eléctrica, monitoreo remoto y almacenamiento de datos de consumo a largo plazo.

También se han desarrollado medidores de energía inteligentes que se comunican con la red eléctrica y permiten a las compañías eléctricas ajustar la producción de energía según la demanda.

Es importante tener en cuenta que el medidor de energía debe ser instalado y mantenido por un profesional calificado, y los usuarios deben tomar medidas para reducir su consumo de energía eléctrica y disminuir su impacto ambiental.

Osciloscopio

Un osciloscopio, obsérvese su apariencia en la Figura 9-6, es un instrumento de medición electrónico utilizado para visualizar señales eléctricas variables en el tiempo. Se utiliza comúnmente en la electrónica, la ingeniería, la física y otras áreas donde se necesitan mediciones precisas de señales eléctricas.

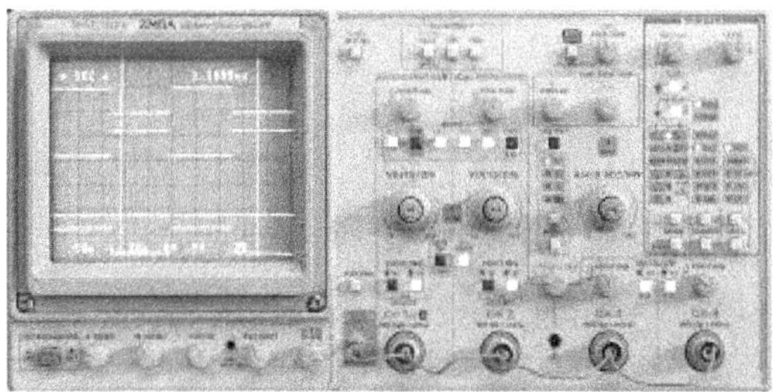

Figura 9-6. Osciloscopio

El osciloscopio funciona midiendo la tensión eléctrica en un circuito y luego representándola gráficamente como una forma de onda en una pantalla. La pantalla es típicamente de tubo de rayos catódicos (CRT) o LCD.

El equipo cuenta con dos canales de entrada, lo que permite la medición y visualización simultánea de dos señales eléctricas diferentes en la pantalla. La forma de onda en la pantalla se puede ajustar mediante controles de ajuste de escala, tiempo y desplazamiento vertical y horizontal.

Además de visualizar la forma de onda, el osciloscopio también se puede utilizar para medir la amplitud, la frecuencia y la fase de la señal eléctrica. También puede detectar y medir la presencia de ruido y distorsión en la señal.

Existen varios tipos de osciloscopios, incluyendo los análogos, los digitales y los mixtos. Los análogos utilizan un CRT para visualizar la señal, mientras que los digitales utilizan una pantalla LCD y convierten la señal en una digital para su procesamiento.

Es una herramienta esencial para cualquier persona que trabaje con señales eléctricas y necesite medirlas y analizarlas con precisión en el tiempo. Es utilizado en una amplia gama de aplicaciones, desde el diseño y prueba de circuitos electrónicos hasta la investigación en física y otros campos relacionados con la electrónica.

Generador de señales

Un generador de señales es un instrumento de medición electrónico que se utiliza para producir señales eléctricas de forma controlada y precisa. Estas señales se utilizan para una variedad de propósitos, como la prueba y calibración de equipos electrónicos, la investigación y el desarrollo de sistemas electrónicos, y la enseñanza y el aprendizaje de la teoría de señales y sistemas.

Los generadores de señales pueden producir una amplia gama de formas de onda, incluyendo ondas senoidales, cuadradas, triangulares, de pulso y de rampa. La forma de onda generada por un generador de señales puede ser ajustada mediante controles de frecuencia, amplitud, ciclo de trabajo y otros parámetros.

Además de producir señales simples, los generadores de señales también pueden producir señales moduladas, como AM, FM y PM. Estas señales moduladas son importantes en la comunicación y el procesamiento de señales, y se utilizan en una gran variedad de aplicaciones, como la transmisión de radio y televisión, la comunicación telefónica y la transmisión de datos. También en la investigación y el desarrollo de sistemas electrónicos y la enseñanza de la teoría de señales y sistemas en instituciones académicas.

Existen varios tipos de generadores de señales, desde análogos simples hasta digitales más avanzados. Los análogos utilizan circuitos electrónicos análogos para producir la señal, mientras que los digitales utilizan circuitos digitales y software para generar la señal.

Probador de continuidad

Un probador de continuidad es un instrumento de medición electrónico que se utiliza para determinar si un circuito eléctrico está cerrado o interrumpido. Se utiliza comúnmente en la electrónica, la electricidad y otras áreas donde se necesitan mediciones precisas de la continuidad eléctrica.

Este aparato funciona enviando una pequeña corriente eléctrica a través de dos puntos del circuito y midiendo la resistencia entre ellos. Si la resistencia es cero, significa que el circuito está cerrado y la corriente puede fluir sin problemas, si la resistencia es infinita, significa que el circuito está interrumpido y la corriente no puede fluir.

El probador de continuidad puede ser una herramienta simple con una luz LED o una señal acústica que indica si el circuito está cerrado o interrumpido. También puede ser más sofisticado, con pantalla LCD y funciones adicionales, como la medición de la resistencia y la capacitancia.

Se trata de una herramienta de gran importancia para cualquier persona que trabaje con circuitos eléctricos y necesite determinar si hay una interrupción en el circuito. Se utiliza comúnmente en la instalación y mantenimiento de sistemas eléctricos y electrónicos, y es fundamental para garantizar la seguridad y el correcto funcionamiento de los sistemas eléctricos.

Probador de polaridad

Un probador de polaridad es un instrumento de medición electrónico que se utiliza para determinar la polaridad de un circuito eléctrico. La polaridad se refiere a la dirección del flujo de corriente eléctrica en el circuito, y es importante en muchas aplicaciones, como la instalación y mantenimiento de sistemas eléctricos y electrónicos.

Cuando se conecta a un circuito, el probador de polaridad indicará si la polaridad es positiva o negativa. Esto es importante porque la conexión incorrecta de los cables puede dañar los componentes del circuito y poner en peligro la seguridad de las personas.

Los probadores de polaridad pueden ser también simples o sofisticados, y algunos modelos pueden incluir una función adicional para probar la continuidad del circuito. Los más simples tienen una luz LED o una señal acústica que indica si la polaridad es positiva o negativa, mientras que los más sofisticados pueden tener una pantalla LCD y una función de medición de voltaje.

Es una herramienta de gran utilidad para cualquier persona que trabaje con circuitos eléctricos y necesite determinar la polaridad del circuito. Se utiliza comúnmente en la instalación y mantenimiento de sistemas eléctricos y electrónicos, y es importante para garantizar la seguridad y el correcto funcionamiento de los sistemas eléctricos.

Frecuencímetro

Un frecuencímetro es un instrumento de medición que se utiliza para medir la frecuencia de una señal eléctrica o electrónica. La frecuencia se refiere al número de ciclos o vibraciones por segundo que se producen en la señal.

El frecuencímetro funciona midiendo el período de una señal, que es el tiempo que tarda la señal en completar un ciclo completo. A partir de esta medición, el frecuencímetro puede calcular la frecuencia de la señal como el inverso del período. En la Figura 9-7 se muestran dos ciclos de una señal sinusoidal.

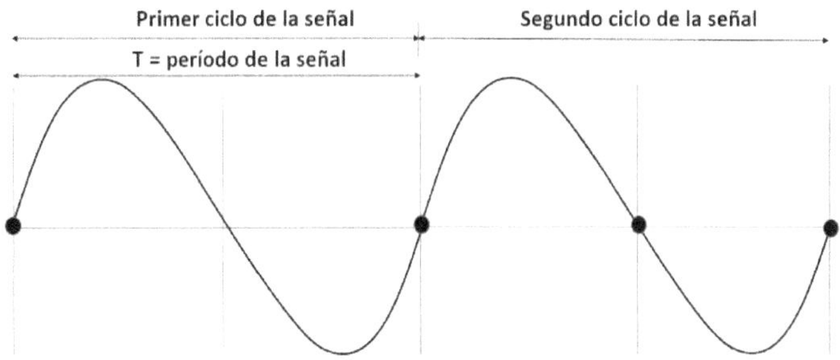

Figura 9-7. Período y ciclos de una señal sinusoidal

Los frecuencímetros pueden ser análogos o digitales, y pueden medir una amplia gama de frecuencias, desde unos pocos hertzios hasta varios gigahertzios. Algunos modelos también pueden medir la amplitud de la señal y otras características.

Se utiliza en una variedad de aplicaciones, como la medición de la frecuencia de la corriente eléctrica de la red eléctrica, la medición de la frecuencia de las señales de radio y televisión, la medición de la frecuencia de los instrumentos de música y la medición de la frecuencia de los pulsos en los sistemas digitales.

Termómetro de contacto

Un termómetro de contacto es un instrumento de medición que se utiliza para medir la temperatura de un objeto o una superficie mediante el contacto directo con el mismo. Los termómetros de contacto se utilizan comúnmente en aplicaciones industriales y de laboratorio para medir la temperatura de líquidos, gases, metales y otros materiales.

El termómetro de contacto funciona midiendo el cambio en la resistencia eléctrica de un elemento de sensor, como una termocupla o un termistor, que se encuentra en contacto directo con la superficie que se va a medir. A medida que la temperatura del objeto cambia, también lo hace la resistencia eléctrica del sensor, lo que permite al termómetro de contacto calcular la temperatura.

Los termómetros de contacto pueden ser digitales o análogos, y pueden tener diferentes rangos de medición y precisión. Algunos modelos también pueden tener funciones adicionales, como la capacidad de almacenar datos de temperatura o conectarse a una computadora para su registro y análisis.

Los termómetros de contacto se utilizan en una variedad de aplicaciones, desde la medición de la temperatura en la industria alimentaria y farmacéutica hasta la medición de la temperatura en motores de combustión interna y procesos de soldadura.

Termómetro sin contacto

Un termómetro sin contacto, también conocido como termómetro infrarrojo, es un instrumento de medición que se utiliza para medir la temperatura de un objeto o una superficie sin necesidad de contacto físico. En lugar de medir la temperatura a través del contacto directo, los termómetros sin contacto utilizan la radiación infrarroja emitida por el objeto para medir su temperatura. En la Figura 9-8 se muestra un termómetro digital sin contacto.

Figura 9-8. Apariencia de termómetro sin contacto

Funcionan utilizando un sensor infrarrojo que detecta la radiación infrarroja emitida por un objeto y la convierte en una lectura de temperatura. Pueden medir la temperatura a distancia, lo que los hace ideales para su uso en situaciones en las que el contacto directo no es posible o deseable, o resulta peligroso.

Los termómetros sin contacto pueden tener diferentes rangos de medición y precisión, y algunos modelos también pueden tener características adicionales, como la capacidad de almacenar datos de temperatura, conectividad a una computadora para su registro y análisis, y la capacidad de medir la temperatura en diferentes áreas del objeto o superficie.

Los termómetros sin contacto se utilizan en una amplia variedad de aplicaciones, desde la medición de la temperatura en la industria alimentaria y farmacéutica hasta la medición de la temperatura en la industria automotriz y aeronáutica. También son útiles para medir la temperatura corporal, lo que los hace populares en la industria médica y en la detección de fiebre.

Medidor de potencial de tierra

Un medidor de potencial de tierra, también conocido como medidor de resistencia de tierra, es un instrumento de medición que se utiliza para medir la resistencia eléctrica de la tierra. El propósito principal de un medidor de potencial de tierra es garantizar que las instalaciones eléctricas estén conectadas de manera segura a la tierra y que haya una conexión adecuada a tierra para evitar descargas eléctricas peligrosas.

Este aparato funciona mediante la medición de la resistencia eléctrica entre un electrodo de tierra y una referencia de tierra, utilizando una corriente de prueba conocida. El medidor aplica una corriente a través del electrodo de tierra y mide la tensión generada, lo que le permite calcular la resistencia eléctrica de la tierra.

Pueden ser portátiles o estacionarios, y pueden tener diferentes rangos de medición y precisión. Algunos modelos también pueden tener funciones adicionales, como almacenar datos de medición, y realizar mediciones de resistencia de aislamiento.

Se utilizan comúnmente en la industria eléctrica y de la construcción para garantizar que las instalaciones estén conectadas de manera segura a tierra. También se utilizan en aplicaciones donde la medición de la resistencia de la tierra es importante, como en la industria de las telecomunicaciones.

Medidor de factor de potencia

Un medidor de factor de potencia, como el de la Figura 9-9, es un instrumento de medición utilizado para medir la eficiencia del uso de la energía eléctrica en un sistema, y se define como la relación entre la potencia real (vatios) y la potencia aparente (volt-amperios).

Figura 9-9. Medidor de factor de potencia

Un bajo factor de potencia significa que una parte significativa de la energía eléctrica suministrada no se utiliza eficientemente y se pierde en forma de calor. Esto puede resultar en costos más altos de energía eléctrica y puede causar problemas en el sistema eléctrico, como una mayor tensión y sobrecalentamiento de los equipos eléctricos.

El medidor de factor de potencia funciona midiendo la potencia activa y reactiva (generada por inductancias y capacitancias) del sistema eléctrico y calculando el factor de potencia. Normalmente, el medidor muestra el factor de potencia en una escala numérica o en una pantalla digital.

Son equipos que se utilizan en sistemas eléctricos industriales y comerciales, especialmente en aquellos con cargas inductivas, como motores eléctricos y transformadores. Estos dispositivos pueden desplazar la corriente eléctrica, lo que afecta el factor de potencia. La medición del factor de potencia es importante para garantizar una eficiencia energética óptima y reducir los costos de energía eléctrica.

Carateristicas de los instrumentos de medida

Ya vimos pues que los instrumentos de medida son herramientas fundamentales en la ingeniería eléctrica y electrónica para obtener mediciones precisas y confiables de las magnitudes. Para que un instrumento de medida sea considerado adecuado para su uso en el campo de la ingeniería eléctrica, debe tener ciertas características específicas, tales como:

1. **Exactitud**: El instrumento de medida debe ser capaz de proporcionar mediciones precisas y exactas de las magnitudes eléctricas.

1. **Sensibilidad**: El instrumento debe ser lo suficientemente sensible para detectar incluso las variaciones más pequeñas en la magnitud eléctrica.

1. **Resolución**: La resolución es la capacidad del instrumento de medida para distinguir entre diferentes niveles de magnitud eléctrica. Cuanto mayor sea la resolución, más pequeñas serán las variaciones que el instrumento puede detectar.

1. **Rango**: El instrumento de medida debe ser capaz de medir una amplia gama de magnitudes eléctricas, desde muy pequeñas hasta muy altas.

1. **Tiempo de respuesta**: El tiempo de respuesta del instrumento debe ser lo suficientemente rápido para medir las variaciones rápidas de las magnitudes eléctricas.

1. **Estabilidad**: El instrumento debe ser capaz de mantener una calibración y precisión constantes durante un largo período de tiempo.

1. **Fácil de usar**: El instrumento de medida debe ser fácil de usar y operar para los usuarios.

1. **Protección**: El instrumento de medida debe estar diseñado con protecciones adecuadas para evitar daños debido a sobrecargas o cortocircuitos.

1. **Portabilidad**: En algunos casos, puede ser importante que el instrumento de medida sea portátil y fácil de transportar.

1. **Costo**: El instrumento de medida debe ser rentable y ofrecer un buen equilibrio entre costo y calidad.

Hay que anotar que la elección del instrumento de medida adecuado depende de la aplicación específica y las necesidades del usuario.

Cuestionario de repaso

Responda la pregunta:

1. ¿Cuáles son las características que deben tener los instrumentos de medida para garantizar su precisión y confiabilidad en la medición?

2. ¿Qué es un multímetro y para qué se utiliza en el campo de la electrónica y la electricidad?

3. ¿Cuál es la diferencia entre un voltímetro y un amperímetro? ¿Cómo se conectan estos instrumentos en un circuito eléctrico?

4. ¿Qué es un osciloscopio y para qué se utiliza en la medición de señales eléctricas?

5. ¿Qué es un termómetro sin contacto y cómo se utiliza en la medición de la temperatura en diversos objetos y superficies?

Seleccione la opción correcta:

6. ¿Cuál de los siguientes instrumentos de medida se utiliza para medir la corriente eléctrica en un circuito?

    a. Voltímetro
    b. Amperímetro
    c. Óhmetro
    d. Frecuencímetro

7. ¿Qué instrumento de medida se utiliza para medir la resistencia eléctrica en un circuito?

    a. Voltímetro
    b. Amperímetro
    c. Óhmetro
    d. Pinza amperimétrica

8. ¿Cuál de los siguientes instrumentos de medida se utiliza para medir la temperatura de objetos sin necesidad de contacto físico?

    a. Termómetro de contacto
    b. Medidor de potencial de tierra
    c. Termómetro sin contacto
    d. Wattímetro

9. ¿Qué instrumento de medida se utiliza para generar señales eléctricas de diferentes frecuencias y amplitudes?

    a. Generador de señales
    b. Osciloscopio
    c. Medidor de energía
    d. Frecuencímetro

10. ¿Cuál de los siguientes instrumentos de medida se utiliza para determinar la continuidad eléctrica en un circuito?

    a. Medidor de factor de potencia
    b. Probador de polaridad
    c. Probador de continuidad
    d. Termómetro de contacto

Responda si la afirmación es falsa o verdadera:

11. Un voltímetro se utiliza para medir la corriente eléctrica en un circuito.

    a. Verdadero
    b. Falso

12. El termómetro sin contacto es un instrumento de medida que mide la temperatura de objetos a través de contacto físico.

    a. Verdadero
    b. Falso

13. El amperímetro se conecta en paralelo en un circuito para medir la corriente eléctrica que lo atraviesa.

    a. Verdadero
    b. Falso

14. El wattímetro se utiliza para medir la energía eléctrica consumida por un dispositivo en un período de tiempo determinado.

    a. Verdadero
    b. Falso

Complete con la palabra o expresión que corresponda:

15. El multímetro es un instrumento de medida que se utiliza para medir __________, __________ y __________ en un circuito eléctrico.

16. El voltímetro se utiliza para medir el __________ eléctrico en un circuito.

17. La pinza amperimétrica es un instrumento de medida que se utiliza para medir la __________ eléctrica sin necesidad de interrumpir el circuito.

18. El medidor de potencial de tierra se utiliza para medir el __________ eléctrico entre un punto de tierra y un punto de referencia.

19. El osciloscopio es un instrumento de medida que se utiliza para visualizar señales eléctricas en forma de __________ en una pantalla.

10. SEGURIDAD ELÉCTRICA

Introducción

La seguridad eléctrica es un tema muy importante que debe ser tomado en serio por todos, desde los propietarios de viviendas hasta los electricistas y trabajadores de la construcción. La electricidad puede ser peligrosa si se maneja incorrectamente, lo que puede resultar en lesiones graves e incluso la muerte. Es, por tanto, fundamental, seguir ciertas medidas de seguridad eléctrica para garantizar la protección, no solo de las personas sino también de las propiedades.

La primera de las medidas de seguridad eléctrica que debemos tener en cuenta es siempre trabajar con la electricidad desconectada de la fuente. Antes de realizar cualquier trabajo eléctrico, es necesario asegurarse de que no circula corriente eléctrica en el circuito en el que vamos a trabajar. Esto puede hacerse apagando el interruptor correspondiente en el panel eléctrico o desenchufando de la fuente eléctrica de la pared.

También se debe tener cuidado al trabajar cerca de cables eléctricos, especialmente si están dañados o expuestos.

Otra medida importante a tener en cuenta es asegurarse de que los cables eléctricos estén en buen estado. Si están desgastados o dañados pueden causar cortocircuitos o arcos eléctricos, lo que puede provocar incendios o lesiones. Si se detecta algún cable en mal estado se debe reemplazar inmediatamente.

También es necesario tener en cuenta el tipo de enchufe y el cable que se está utilizando. Los enchufes y cables deben estar diseñados para manejar la carga eléctrica que se les va a aplicar. No se deben sobrecargar ni utilizar cables que sean demasiado delgados para la carga eléctrica que va a circular por ellos, ya que tal cosa puede provocar sobrecalentamiento e incendios.

Otra medida de seguridad es el uso de equipos de protección personal (EPP). Los electricistas y trabajadores de la construcción deben usar gafas de seguridad, guantes aislantes y calzado especial para trabajar con electricidad. Esto protege contra la posibilidad de electrocutarse o de sufrir lesiones en caso de accidente.

Por último, siempre que sea posible se debe contar con un experto electricista que realice cualquier trabajo eléctrico. Los electricistas tienen el conocimiento y la experiencia necesarios para garantizar que lo que se deba hacer se haga de manera adecuada y segura. Siempre es mejor contratar a un electricista calificado para realizar cualquier trabajo eléctrico, especialmente si se trata de trabajos grandes o complejos.

Prevención de riesgos eléctricos

La prevención de riesgos eléctricos es un aspecto crítico en la seguridad eléctrica, y se refiere a las medidas y prácticas que se deben implementar para evitar accidentes eléctricos en el trabajo y en el hogar. Los riesgos eléctricos pueden ser mortales, y ocurrir debido a factores como la falta de protección, la exposición a elementos eléctricos peligrosos y la falta de conocimiento y capacitación adecuada.

Para prevenir riesgos eléctricos, se deben seguir las normativas y estándares de seguridad eléctrica, y establecer medidas de seguridad adecuadas en todas las instalaciones eléctricas, ya sean en el hogar o en el trabajo. A continuación, se describen algunas medidas de prevención de riesgos eléctricos que pueden ser útiles:

1. **Inspección y mantenimiento**: es importante realizar inspecciones y mantenimiento periódicos de todos los equipos y sistemas eléctricos, con el fin de identificar y solucionar problemas antes de que ocurran accidentes eléctricos. Las inspecciones pueden incluir la revisión de las instalaciones eléctricas, la verificación del estado de los equipos de protección y la realización de pruebas de seguridad.

2. **Capacitación y formación**: Es importante que los trabajadores y propietarios de viviendas estén capacitados y formados en el uso y mantenimiento adecuado de los equipos y sistemas eléctricos. La capacitación puede incluir cursos de seguridad eléctrica, entrenamiento sobre el uso de EPP, y la realización de simulacros y prácticas en situaciones de emergencia.

3. **Uso de etiquetas y señalizaciones**: las etiquetas y señalizaciones pueden ayudar a identificar zonas y equipos eléctricos peligrosos, y a informar a los trabajadores y usuarios sobre los riesgos eléctricos potenciales.

Normativas y estándares de seguridad

Las normativas y estándares de seguridad eléctrica son reglas y directrices que deben ser seguidas por electricistas, trabajadores de la construcción y propietarios de viviendas para garantizar la seguridad de las personas y las propiedades. Estas normativas y estándares establecen las mejores prácticas y los requisitos mínimos para el diseño, instalación y mantenimiento de sistemas eléctricos.

Uno de los estándares de seguridad eléctrica más conocidos y utilizados es el *National Electrical Code (NEC)* de los Estados Unidos. El NEC establece los requisitos mínimos para la instalación de sistemas eléctricos en edificios y estructuras. El código incluye normas sobre la protección contra incendios, la capacidad de los conductores eléctricos, la instalación de interruptores y enchufes, y la instalación de sistemas de iluminación.

Otro estándar importante es el *International Electrotechnical Commission (IEC)* de Europa, que establece los estándares internacionales para la seguridad eléctrica. El IEC cubre una amplia gama de áreas, incluyendo equipos de protección, equipos médicos, sistemas de energía renovable y sistemas de control industrial.

En el Reino Unido, la *Institución de Ingenieros Eléctricos (IEE)* publica un conjunto de reglas conocido como el Reglamento de Instalaciones Eléctricas (BS 7671). Este reglamento establece las normas y requisitos para la instalación de sistemas eléctricos en este país.

Además de estos estándares, existen también normativas de seguridad eléctrica específicas para diferentes sectores y aplicaciones. Por ejemplo, la normativa de seguridad eléctrica para la industria médica, que trata de equipos que se utilizan directamente en pacientes, y la normativa para equipos eléctricos utilizados en áreas peligrosas, como en la industria química o petrolera, son muy específicas y rigurosas.

En Colombia, la normativa de seguridad eléctrica es regulada por el Ministerio de Minas y Energía y se rige por la Ley 143 de 1994 y el Código de Energía.

La Ley 143 de 1994 establece el régimen para la generación, interconexión, trasmisión, distribución y comercialización de electricidad en el territorio nacional, concede autorizaciones y dicta otras disposiciones en materia energética.

El Código de Energía establece las normas y requisitos mínimos para el diseño, construcción, instalación, operación y mantenimiento de instalaciones eléctricas en Colombia. Este código establece, entre otras cosas, la necesidad de contar con un sistema de puesta a tierra adecuado, la obligatoriedad de realizar inspecciones periódicas y la necesidad de contar con equipos de protección para evitar accidentes eléctricos.

Otras regulaciones establecen los requisitos mínimos para la operación segura de instalaciones eléctricas en Colombia, como la seguridad mínima para el diseño, construcción y mantenimiento de las instalaciones eléctricas, la obligatoriedad de contar con un plan de mantenimiento preventivo, y la necesidad de contar con equipos de protección personal para los trabajadores.

En Colombia, también existen normas específicas para diferentes sectores y aplicaciones, como por ejemplo, la normativa para la instalación de equipos eléctricos en áreas peligrosas (NTE-IEC 60079), la normativa para la instalación de sistemas eléctricos en edificios (NTC 2050) y la normativa para la instalación de sistemas fotovoltaicos (NTC 5803).

Es importante destacar que en Colombia, al igual que en otros países, las empresas y profesionales que trabajan en el sector eléctrico deben cumplir con las normativas y estándares de seguridad eléctrica para garantizar la seguridad de las personas y las propiedades. Además, la implementación adecuada de estas normas y estándares puede reducir los riesgos de accidentes eléctricos y mejorar la eficiencia energética.

Equipos de protección personal

Los equipos de protección personal (EPP) son una parte importante de la seguridad eléctrica en cualquier entorno en el que se manipulen componentes eléctricos. El electricista (ingeniero, tecnólogo o técnico), debe asegurarse de que los trabajadores que estén expuestos a riesgos eléctricos cuenten con el equipo adecuado para protegerse.

Los EPP para trabajos eléctricos incluyen, entre otros, cascos, gafas de seguridad, guantes, calzado y trajes aislantes. Estos equipos deben ser seleccionados cuidadosamente para asegurarse de que cumplen con los requisitos de seguridad y que se adaptan a las necesidades específicas de cada trabajador.

Los guantes de seguridad eléctrica son un ejemplo común de EPP. Deben cumplir con la norma ANSI/ASTM D120 para ser considerados seguros. Estos guantes están diseñados para proteger a los trabajadores contra descargas eléctricas y deben ser probados regularmente para asegurarse de que con el paso del tiempo sigan siendo seguros.

Otro ejemplo de EPP para trabajos eléctricos son los trajes

aislantes. Están diseñados para proteger a los trabajadores contra la electricidad estática y las descargas eléctricas. El nivel de protección proporcionado por el traje depende del voltaje al que esté expuesto el trabajador. Dado que existen varios niveles de clasificación, es importante seleccionar un traje que proporcione el nivel adecuado de protección para el trabajo que se va a realizar.

Se debe recordar que los EPP no son una solución completa contra los riesgos de seguridad eléctrica. También se deben seguir otros procedimientos, ya vistos, como la desconexión de la energía antes de trabajar con un componente eléctrico, la identificación de los riesgos eléctricos en general y la formación de los trabajadores en relación con los riesgos eléctricos y el uso adecuado de los EPP.

Cuestionario de repaso

Responda la pregunta:

1. ¿Por qué es importante la prevención de riesgos eléctricos en el lugar de trabajo?

2. ¿Qué tipo de lesiones se pueden producir por la exposición a corriente eléctrica?

3. ¿Cuáles son los principales factores de riesgo en la manipulación de equipos eléctricos?

4. ¿Qué normativas y estándares de seguridad deben seguirse en la manipulación de equipos eléctricos?

5. ¿Qué información debe contener una etiqueta de advertencia de peligro eléctrico?

6. ¿Cuál es el objetivo de la normativa sobre el uso de equipos de protección personal?

7. ¿Qué equipos de protección personal son necesarios para la manipulación de equipos eléctricos?

8. ¿Cómo se deben almacenar y transportar los equipos de protección personal?

9. ¿Cómo se realiza la inspección y mantenimiento de los equipos de protección personal?

10. ¿Cuáles son las consecuencias de no seguir las normativas y estándares de seguridad en la manipulación de equipos eléctricos?

EL AUTOR

ALBEIRO PATIÑO BUILES es Ingeniero electricista, con especializaciones en Hermenéutica Literaria y Alta Gerencia. Magíster en Dirección Estratégica, Planificación y Control de la Gestión del IEE de España. Ha recibido numerosos premios, entre los que destacan el primer puesto en el II Premio Nacional de Novela – Premios Nacionales de Cultura de la Universidad de Antioquia (2006) y el primer puesto en el Primer Concurso de Cuento de la Asociación de Empleados del Banco Industrial Colombiano (1996). Sus publicaciones literarias, son: *Historias cruzadas* (cuentos, 1994), *Bandidos y hackers* (novela, 2007), *Phishing* (novela, 2010), *Construir una novela. Cómo orientarse en el proceso de creación literaria* (ensayo, 2011), *Intimidación* (novela, 2014), *Galán, crónica de un magnicidio* (novela, 2014), *Las intermitencias del corazón – I. Melancolía y enajenación* (novela, 2016), *La forja de un escritor* (ensayo, 2017), *Sombras en la Red* (novela, 2019) y *Las intermitencias del corazón - II. Celos y dolor* (novela, 2019)

Colección *Narrativa*

www.ingramcontent.com/pod-product-compliance
Lightning Source LLC
LaVergne TN
LVHW020735200726
843506LV00009B/760